W0402857

MARIE VON MALLWITZ

CLAUDIA IRSFELD

FRAUEN UND GEHALT

So verhandeln Sie gelassen
und erfolgreich

MARIE VON MALLWITZ

Informationen zum Verlag und seinem Programm unter:
www.marie-von-mallwitz-verlag.de

Originalausgabe November 2019
Marie von Mallwitz Verlag

Bildrechte: Shutterstock, 4C GROUP
Covergestaltung und Layout: www.reisserdesign.de
ISBN 978-3-946297-14-7
Printed in Europe

INHALT

VORWORT

In den letzten Jahren und Jahrzehnten hat sich viel getan, im Beruflichen wie im Privaten. Frauen gehen arbeiten und in Führung, sie leiten kleine und große Teams, manche sogar ganze Unternehmen. Längst verdienen sie ihr eigenes Geld, sorgen für ihre Altersvorsorge und ernähren nicht selten ihre Familien. Selbstverständlich gehen Frauen wählen, sie engagieren sich und bekleiden selbst politische Ämter – manche von ihnen so erfolgreich und so gründlich, dass es inzwischen nötig ist, Kindern in Deutschland zu erklären, dass auch Jungs Bundeskanzlerin werden können, wenn sie das möchten.

Nur an einem scheint sich nichts zu ändern: Noch immer verdienen Frauen weniger Geld als Männer. Obwohl Frauen inzwischen fast überall auf der Welt besser ausgebildet in den Arbeitsmarkt starten als Männer, bekommen sie überall auf der Welt noch immer weniger Geld für gleiche und gleichwertige Arbeit. In Deutschland stagniert die statistische Lohnlücke seit ein paar Jahren bei 21%. Durchschnittlich verdienen Frauen also ein Fünftel weniger! Das bedeutet natürlich auch, dass es in manchen Branchen und Berufen noch viel größere Unterschiede gibt: Wo viel verdient wird, klaffen die Einkommen weit auseinander. Also auch und gerade auf den höheren Hierarchieebenen.

Doch nicht selten wird die Lohnlücke kleingerechnet, bis kaum noch etwas von ihr übrig bleibt. Den statistischen Wert zu bereinigen, löst das Problem allerdings keineswegs – nur weil ich die Gründe erklären kann, ist der Missstand noch lange nicht aus der Welt. Die sogenannten Lohnlückenleugner behaupten dennoch gern, dass es gar keinen Einkommensunterschied gäbe, was praktischerweise natürlich auch bedeutet, dass gar nichts unternommen werden muss. Alte Regel der Status-Quo-Verfechtung: Wo es kein Problem gibt, gibt es auch keinen Handlungsbedarf.

Hilft alles nicht, wird den Frauen dann auch noch regelmäßig vorgehalten, sie seien schließlich selbst schuld an der Lohnmisere! (Wie sie an etwas schuld sein können, was es gar nicht gibt, darüber reden Lohnlückenleugner meiner Erfahrung nach übrigens weniger gern!) Frauen wollten es doch gar nicht anders, heißt es dann, sie hätten sich schließlich selbst ausgesucht, in welchem Beruf sie arbeiten, ob sie in Teilzeit tätig sind oder ob sie eine Familie gründen wollen. Das häufigste Argument in der Selbstschuld-Reihe aber lautet: Frauen verhandeln eben schlechter.
Fakt ist: Frauen verhandeln anders. Das Problem: Sie können es eigentlich nur falsch machen. Denn ihre Forderungen werden anders bewertet. Fordern Männer Geld, gelten sie als durchsetzungsstark. Fordernde Frauen gelten dagegen als unsympathisch.

Gegen diese Schieflage kommt keine Frau im Alleingang an. Keine Frau wird den Fehler im System lösen, indem sie sich gegen eine Familie und für einen MINT-Beruf entscheidet. Keine Frau wird die Lohnlücke schließen, indem sie besser verhandeln lernt. Gefragt sind also vor allem Wirtschaft und Politik. Um die Lohnlücke endlich aus der Welt zu schaffen, braucht es erstens mehr Transparenz beim Gehalt. Und zweitens weniger Klischees in unser aller Köpfen. Es braucht ein Bewusstsein für die Vorurteile, mit denen wir allen Männern und Frauen in Vorstellungs- oder Mitarbeitendengesprächen begegnen. Es braucht Transparenz bei den Gehältern und ordentliche Gehalts- und Beförderungsstrukturen in den Unternehmen. Es braucht noch mehr und noch bessere Gesetze, die der Wirtschaft einen klaren Gleichstellungskurs vorgeben. Wo ein Wille ist, führt auch ein Weg zu Lohngerechtigkeit.

Heißt es nun also abwarten und mit resigniertem Blick auf den Gehaltszettel Tee trinken, bis Politik, Wirtschaft und Gesellschaft endlich soweit sind? Keineswegs! Es heißt, andere Wege zu finden. Sagen wir: individuelle Abkürzungen zur Lohngerechtigkeit. Wie dieses Buch.

Bis wir die Verhandlungsseminare speziell für Frauen endlich abschaffen können, ist es ein sehr guter erster Schritt anzuerkennen, dass Frauen anders verhandeln. Es ist eine ganz hervorragende Idee, sich einmal ganz grundlegend mit dem Thema Geld auseinanderzusetzen – und daraus die Konsequenzen zu ziehen. Die beste Komplizin, die Sie auf dem Weg zur wirtschaftlichen Unabhängigkeit finden können, ist dieses Buch. Es bietet eine sehr gute Übersicht, weshalb es so wichtig ist, über Geld zu sprechen. Es ist eine wunderbare Grundlage, um das eigene Gehalt besser verhandeln zu lernen. Und es ist eine sehr gute Anleitung, wie sich Lohngerechtigkeit im eigenen Umfeld umsetzen lässt. Denn keine Frau ist selbst schuld an der Lohnlücke. Aber jede Einzelne hat es selbst in der Hand, etwas zu verändern. In diesem Sinne: Lesen Sie dieses Buch. Sprechen Sie über Geld und finden Sie Ihren eigenen Weg zu dem Gehalt, das Sie verdient haben.

Henrike von Platen
CEO/Founder FPI Fair Pay Innovation Lab

Henrike von Platen gründete 2017 das FPI Fair Pay Innovation Lab, das Unternehmen bei der praktischen Umsetzung nachhaltiger Entgeltstrategien unterstützt. Die Finanzexpertin war von 2010 bis 2016 Präsidentin der Business and Professional Women Germany, gründete einen Fraueninvestmentclub, ist Hochschulrätin an der Hochschule München und engagiert sich im Arbeitskreis deutscher Aufsichtsrat e.V. sowie bei FidAR, der Initiative für Frauen in die Aufsichtsräte. Ihr Ziel: Lohngerechtigkeit für alle.

DANKSAGUNGEN

Dieses Buch ist entstanden, weil viele liebe, kompetente und kreative Menschen aus meinem Freundes-, Bekannten- und Familienkreis sowie aus meinem beruflichen Netzwerk mitgewirkt haben. Ein herzlicher Dank gilt Dr. Martin Hartmann, der mein Mentor, Coach, Treiber und Unterstützer war und ist. Ohne ihn hätte ich nie angefangen, Artikel zu schreiben und ohne seine Begeisterung und seinen Glauben an meine Kompetenzen wäre dieses Buch nie zustande gekommen. Gleiches gilt für Frau Professor Dr. Elke Wolf und Katharina Senger. Sie haben meine Trainings zu „Gehaltsverhandlungen für Frauen" angestoßen und kräftig unterstützt. Danke Silke Wassmuth für die vielen Gespräche und den Hinweis auf das Buch „Selbst PR" von Daniela Heggmaier. Dieses kluge und praxisnah gestaltete Buch aus dem Marie von Mallwitz Verlag hat mir Mut gemacht, an ein eigenes Projekt zu denken, das dann auch begeistert von den kompetenten Menschen des Verlags aufgenommen und professionell begleitet wurde: Barbara Edle von Graeve, Marie-Theres Reisser, Monika Scheddin und Alexander Strathern.

Danken möchte ich den sieben „Insight-Frauen" – Prof. Dr. Elke Wolf, Tanja Horn, Petra Erner, Simone Conrad, Silke, Hannelore Diertl-Deskovic sowie Sabine Rodach, die ihre ganz persönlichen Erfahrungen offen und erfrischend geteilt haben.

Auch während meines Schreibens haben viele Menschen zum Gelingen der Seiten beigetragen. Die Hilfsbereitschaft, die ich bei Anfragen erfahren habe, hat mich tief beeindruckt. Dazu gehören Professor Dr. Matthias Sutter und seine Forschungskollegin und sein -kollege der Universitäten Köln und Innsbruck. Sie haben mir außergewöhnlich schnell und unkompliziert Details aus ihren Studien zur Verfügung gestellt. Und vor allem Henrike von Platen, CEO und Gründerin des FPI Fair Pay Innovation Lab, die sich kurzentschlossen bereit erklärt hat, das Vorwort zu schreiben sowie natürlich auch Dr. Wiebke Ankersen, Christian Berg, Anna Kopp sowie Professor Manuela Rousseau, die uns durch ihre Beiträge so wunderbar unterstützen.

Danken möchte ich allen meinen Teilnehmerinnen aus den Trainings „Gehaltsverhandlungen für Frauen“, meinen Kolleginnen und Mitarbeiterinnen, den women@4C-Frauen sowie meinen Coachees. Ihre Erfahrungen haben auf unterschiedlichste Weise in das Buch Eingang gefunden.

Ganz besonders möchte ich meine „Fabbies“ – Tanja Horn, Susanne Krimmel, Dr. Manuela Oswald, Susanne Streiter – erwähnen. Mit euch bin ich in den letzten Jahren durch Höhen und Tiefen gegangen und ohne euch wäre ich nicht dort, wo ich bin.

Und das Beste zum Schluss: Lieber Marcus, ich danke dir am allermeisten. Denn durch deinen Humor, deine Gelassenheit und deine Geduld hat dieses Buch unsere Ehe in der Zeit des Schreibens nicht belastet, sondern bereichert.

WARUM DIESES BUCH?

Warum schreibe gerade ich dieses Buch? Mir begegnet dieses Thema in meinen verschiedenen beruflichen Aktivitäten: als Personalleiterin einer Unternehmensberatung, als Coach und Trainerin sowie als Businessfrau.

Als Personalleiterin:
Als Personalleiterin der Management Beratung 4C GROUP AG führe ich viele Einstellungsinterviews, begleite Vertragsphasen und viele Entwicklungsgespräche. Vor einiger Zeit saß ich in einem Interview, es war das letzte Gespräch und es ging ums Gehalt. Mir gegenüber saß eine exzellent ausgebildete Absolventin mit sehr guten Noten, großartigen und passenden Praktika in In- und Ausland. Sie hatte alles, was man sich in der Beratungsbranche von Absolventinnen und Absolventen wünscht. Ich fragte: „Wenn Sie zu uns kommen, was möchten Sie verdienen?" Zunächst sagte sie erst einmal gar nichts und überlegte. Nach einer längeren Pause antwortete sie: „Hmm, ... sagen Sie mir, was ich verdienen soll!"

Ich dachte: „Das kann doch nicht wahr sein, top Ausbildung, top Frau und dann dieses Verhalten? Was ist da los?"

Wenn Frauen an Unternehmen geraten, in denen die Gehaltshöhe und -strukturen nicht transparent sind und Personal- und Führungskräfte sich über jeden Euro freuen, den sie „sparen" können, wenn Frauen nichts oder weniger als Männer fordern, egal wie offen auf der anderen Seite Gleichstellung und Fairness proklamiert werden, dann ist es klar, dass Frauen systematisch weniger verdienen als Männer.

Als Coach und Trainerin:
Es sind immer die gleichen Themen, die sowohl in meinen Coachings als auch Trainings auftauchen: Frauen leisten viel, sprechen aber wenig oder sogar überhaupt nicht über ihre Leistungen und Erfolge. Andere werden befördert und sie verstehen die Welt nicht mehr. Oder sie erkennen durch einen Nebensatz ihrer Führungskraft, dass sie jahrelang deutlich weniger verdient haben als ihre Kollegen. Durch solche Erfahrungen liegt die Motivation irgendwann am Boden und Führungskräfte wundern sich, warum so viele Frauen das Unternehmen früher oder später verlassen.

Als Businessfrau:
Ich kenne es ja von mir selbst. Ich kann kämpfen wie Jeanne d'Arc, wenn es um andere geht. Wenn es allerdings um mich geht, dann kann es passieren, dass mein Mund trocken wird, mir die Worte im Hals stecken bleiben und ich denke mir: „Was ist denn nun wieder los? Bist du krank? Hast du sie nicht mehr alle? Jetzt los! Steh deine Frau!"

Wieso fällt es uns als Frauen so schwer, etwas für uns zu verhandeln oder über unsere eigenen herausragenden Leistungen zu sprechen?

Das alles waren auslösende Situationen und Fragen, die mich dazu veranlasst haben, mich seit mehreren Jahren mit dem Thema Gehalt und Frauen auseinanderzusetzen. Höchste Zeit also, ein paar Fakten, Erkenntnisse und auch Tipps und Tricks aus der Praxis für die Praxis in diesem Buch weiterzugeben.

WIE IST DAS BUCH ZU GEBRAUCHEN?

Was sind die Unterschiede, wenn Männer und Frauen ihr Gehalt verhandeln und warum braucht es noch ein Buch? Es ist doch eigentlich klar, was zu tun ist, oder? Das Netz und die Bücherregale sind voll, also sollen Frauen doch einfach die Literatur lesen und wir haben keinen Gender Pay Gap mehr. Oder? Nein, so einfach ist es nicht. Das Thema ist komplex und durchwoben von klischeehaften Geschlechtervorstellungen.

Das Buch gibt im ersten Teil einen Überblick zur aktuellen Situation der unterschiedlichen Bezahlung von Frauen und Männern. Es erläutert den Gender Pay Gap und dessen Auswirkungen auf Karrieren und Lebenswege von Frauen. Sie erhalten Einblicke, wie und woran sich die „kleinen" Unterschiede in der Gehaltsverhandlungssituation zeigen, in welchem Dilemma Frauen stecken und wie groß die Effekte auf das Gehalt sowie die Karrieren von Frauen sind.

In einem Ratgeberteil gibt es Tipps und Anregungen mit Reflexions- und Arbeitshilfen für die Leserin. Es gibt dort Antworten auf Fragen wie: „Wie verhandeln Frauen im nächsten Personalgespräch erfolgreich das, was ihre Leistungen wert sind?" und „Wie können Frauen das Dilemma (Kompetenz versus Sympathie) erfolgreich auflösen und aktiv ihre Karriere gestalten?"

Im dritten Abschnitt schließlich kommen Frauen unterschiedlicher Erfahrungslevel und beruflicher Hintergründe zu Wort, die von ihren Erlebnissen, Flops und Erfolgsstrategien erzählen und die die Gelegenheit erhalten, ihre -tipps für andere Frauen im Business zu formulieren.

Was möchte ich mit diesem Buch erreichen?
Mein Ziel ist es, speziell Frauen, die in den Beruf starten, aber auch interessierten erfahrenen Businessfrauen Informationen an die Hand zu geben, wie die Situation in Deutschland für Frauen und ihre Bezahlung aussieht. Welche Konsequenzen das auf Frauen-Karrieren hat.

Ich möchte:
- Frauen sensibilisieren, stärken und ins Tun bringen;
- Lust machen, die eigene Karriere sowie das Gehalt zu verhandeln;
- darlegen, wie Genderstereotypen wirken und in welchem Dilemma Frauen stecken;
- erläutern, warum es Frauen oft schwerfällt, für sich zu verhandeln und warum sie dabei so zurückhaltend agieren;
- aufzeigen, warum es für Frauen anderer Strategien bedarf als für Männer, um erfolgreich zu sein;
- Tools, Tipps und Vorgehensweisen an die Hand geben, um trotz bzw. mit den Genderstereotypen erfolgreich das eigene Gehalt zu verhandeln und
- ich möchte dazu beitragen, dass Gehaltsverhandlungen ihren Schrecken verlieren, sie sollen leichter fallen und vielleicht sogar Spaß machen.

Es gibt zahlreiche Bücher zur Verhandlung und Gehaltsverhandlung. Die Krux ist allerdings: Wir Frauen haben damit lediglich eine Grundlage, die für jede Art der Verhandlung und für jeden und jede passen muss. Leider fehlt die Anpassung an die Situation, in der sich Frauen befinden. Denn wir können uns aufgrund der klischeehaften Geschlechtervorstellungen nicht hinstellen und einfach mal etwas mit breiten Schultern und dicken Hosen fordern wie Männer. Das führt bei uns in der Regel nicht zum Erfolg. Dieses Buch soll die Lücke schließen und Frauen eine Idee davon geben, warum wir uns beim Verhandeln so schwertun und warum wir dieses merkwürdige Verhalten in Verhandlungssituationen zeigen. Und natürlich geht es auch darum, Wege und Lösungen aufzuzeigen, Verhalten zu ändern und es als Frau in dieser speziellen Situation besser zu machen und die nächste Gehaltsverhandlung erfolgreicher zu führen.

Das Buch ist kein allgemeines Verhandlungstechnikbuch. Ich fokussiere mich auf die Themen, die ich aus meiner Praxis als frauenspezifisch in Gehaltsverhandlungssituationen erachte und gebe an der ein oder anderen Stelle Hinweise, wie die Genderforschung Wahrnehmungen und Handlungsweisen einordnet.

Zum Thema Gehälter und Karrieren von Frauen gibt es viele Beteiligte: Frauen, Männer, Unternehmen, die Gesellschaft, den Staat. Alle müssen sich bewegen, damit Frauen für die gleiche Arbeit die gleiche Entlohnung erhalten wie Männer.

Speziell die Unternehmen sind gefragt, ihre Strukturen zu überprüfen und anzupassen, damit mehr Lohn- und Karrieregerechtigkeit sowie Fairness Einzug halten. Gleichzeitig dürfen Frauen nicht darauf hoffen und warten, dass irgendjemand irgendetwas ändert, sondern müssen sich auch selbst um ihre Euro kümmern! Aus meiner systemischen Coaching-Ausbildung und von meinen beiden Ausbilderinnen Silke Foth und Heidi Reimer habe ich viele wertvolle Dinge mitgenommen. Die sicher prägendste Erkenntnis ist: „Wenn du willst, dass sich eine Situation ändert, fange bei dir an, etwas zu verändern, dann verändert sich auch etwas im System." Also, auch wenn es uns Frauen manchmal nervt, schon wieder aktiv werden zu müssen ... Jammern nützt nichts (ob zu Recht oder zu Unrecht).

So möchte dieses Buch für Sie, liebe Leserin, eine wertvolle Begleitung werden, die Sie bei der Entwicklung Ihrer eigenen Gedanken und Strategien unterstützt, Sie immer mal wieder reinschauen lässt und Ihnen Inspirationen für das nächste Gehaltsgespräch vermittelt.

Und was die lieben Leser angeht? Herzlich willkommen!

KAPITEL I

DIE REALITÄT DER BEZAHLUNG

GENDER PAY GAP

Wieso ist es wichtig, etwas über den Gender Pay Gap zu wissen, um sein eigenes Gehalt zu verhandeln? Zunächst möchte ich ein Bewusstsein schaffen für die Situation in Deutschland und für die ungleiche Bezahlung von Männern und Frauen sensibilisieren. Gleichzeitig möchte ich Argumente mit an die Hand geben, sollte diese Thematik kontrovers diskutiert werden. Ebenfalls sollte jede Frau sich klar werden, dass es neben jedem Fairnessgedanken einen echten wirtschaftlichen Unterschied mit harten Konsequenzen, gerade im Alter, macht, ob ich gleich oder ungleich bezahlt werde.

GENDER PAY GAP IN DEUTSCHLAND

Der Gender Pay Gap gibt den prozentualen Unterschied beim durchschnittlichen Bruttoverdienst von angestellten Männern und Frauen in Deutschland an. Im Jahr 2018 verdiente ein Mann 21,60 EUR und eine Frau 17,09 EUR pro Stunde. Somit verdienen Frauen 4,51 EUR bzw. 21% weniger als Männer. Diese geschlechtsspezifische Lohndifferenz wird als unbereinigter Gender Pay Gap bezeichnet.

Im Übrigen ist das fast der gleiche Unterschied, der bei 4- und 5-jährigen Jungen und Mädchen beim monatlichen Taschengeld gemacht wird: 20,09 EUR zu 16,82 EUR (inkl. Geldgeschenke).

Quelle: Statistisches Bundesamt, 2018 Quelle: Kinder Medien Studie, 2017

Man kann es auch anders ausdrücken: Frauen arbeiten in den ersten Wochen des Jahres unentgeltlich – Männer im Gegensatz dazu erhalten schon ab dem 1. Januar eines jeden Jahres eine Vergütung für ihre Arbeit. Auf diese Lücke wird symbolisch am Equal Pay Day hingewiesen.

Der Gap vergrößert sich, je höher die Frauen auf der Hierarchiestufe steigen. Für Führungskräfte liegt er bei 30% laut DIW Berlin, 2018. Für Frauen hat der Gap harte wirtschaftliche Konsequenzen: Nach den Daten des Statistikportals der Deutschen Rentenversicherung erhielten 2016 Männer einen durchschnittlichen Rentenzahlbetrag bei Rente wegen Alters von 1.171, 83 EUR und Frauen von 685,04 EUR. Damit sind Frauen deutlich öfter von Altersarmut betroffen als Männer.

BEREINIGTER & UNBEREINIGTER GENDER PAY GAP

Nun weisen viele Fachleute, Experten und Politiker auf strukturelle Unterschiede des Gender Pay Gap hin. Demnach lassen sich 15% des unbereinigten Gender Pay Gaps von 21% strukturell erklären. 21% werden um die 15%, die aus den unten genannten Faktoren bestehen, bereinigt. Was danach bleibt, ist der bereinigte Gender Pay Gap von 6%, den mancher als nicht erklärbar tituliert, aber durchaus seine Gründe hat.

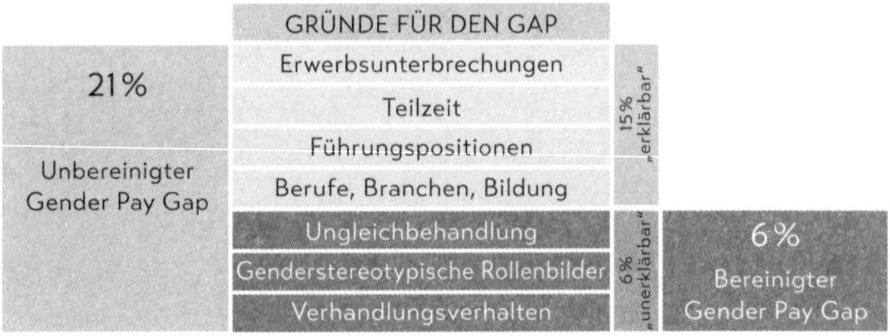

Quelle: Nach Statistischem Bundesamt, Destatis, 2017

Die „erklärbaren" 15% oder: So arbeiten Frauen in der Regel in Deutschland

Frauen haben deutlich **mehr Erwerbsunterbrechungen** als Männer aufgrund von Elternzeiten oder auch der Zeit für die Pflege von Angehörigen. Vier Fünftel der erwerbstägigen Frauen bekommen Kinder und sie übernehmen das Gros der Erziehungsarbeit.

Gleichzeitig ist es auch so, dass knapp 70% der Frauen, die minderjährige Kinder in ihrem Haushalt haben, **Teilzeit arbeiten**. Männer in diesem Fall nur ca. zu 5%.

Frauen arbeiten **weniger in Führungspositionen**.

Das Bundesministerium für Wirtschaft und Energie publiziert: „[…] Frauen stellen rund die Hälfte der Bevölkerung und 46,5 Prozent der Erwerbstätigen – und sie sind sehr gut ausgebildet: Mehr als die Hälfte der Abiturienten, rund 50 Prozent der Hochschulabsolventen und 45 Prozent der Promovierenden sind weiblich. Dennoch arbeiten in Führungspositionen noch immer vor allem Männer."

Der Anteil von Frauen in den Vorständen der Top 200 der deutschen Unternehmen beläuft sich laut statista aktuell auf ca. 9%. Der Frauenanteil in Führungspositionen in Deutschland wird mit etwa 21% angegeben. Vergleicht man international die größten Börsenunternehmen mit mehr als 30% Frauen im Vorstand, sieht es noch düsterer für Deutschland aus: Schweden 35%; USA 30%; Polen 20%; Frankreich 10%, Deutschland 0%.

Frauen arbeiten **vermehrt in schlecht bezahlten Branchen sowie Berufen.** In der IT-Branche und im Bankenwesen sind mehr Männer bei einer höheren Bezahlung zu finden. Im Gesundheitswesen wie Altenpflege sowie der Gastronomie sind mehr Frauen bei schlechterer Bezahlung beschäftigt.

Gleiches gilt für gut bezahlte MINT-Berufe wie Mathematiker, Informatiker, Naturwissenschaftler und Techniker, hier dominieren ebenfalls besser bezahlte Männer. Im Gegensatz dazu bilden Frauen das Gros in schlechter bezahlten Pflege- und Dienstleistungsberufen wie Krankenpflege- und Reinigungskräfte.

GOOD TO KNOW

Durchschnittseinkommen nach Branchen in Deutschland, Bruttomonatsverdienste von Vollzeitbeschäftigten (ohne Sonderzahlungen):

Finanz- und Versicherungswesen:	5.124 EUR
Gastronomie:	2.300 EUR
Dienstleistungsbereich insgesamt:	3.693 EUR

Der Anteil an Frauen im Niedriglohnbereich ist deutlich höher als der an Männern.
- 27% der Frauen in Vollzeit
- 15% der Männer in Vollzeit

Quelle: Statistisches Bundesamt, Auszug Datenreport 2018, Arbeitsmarkt und Verdienst

Einige Menschen vertreten die Meinung, diese 15% könne man nicht zum Gender Pay Gap zählen, da sie erklärbar sind, von unterschiedlichen Basisdaten ausgehen und abhängig von individuellen Entscheidungen (speziell von Frauen) sind. Statistisch gesehen ist das sicher richtig. Andererseits spiegeln die individuellen Entscheidungen der Beteiligten gesellschaftliche Normen, Werte und Rollenbilder wider. Damit haben die beschriebenen 15% meiner Ansicht nach durchaus etwas mit dem Gender Pay Gap zu tun, siehe ab Seite 23.

Es bleiben 6%, die „unerklärbar" erscheinen

So ganz unerklärbar ist der Gap nicht. Hier wird auf eine Ungleichbehandlung von Männern und Frauen im Business, auf die Wirkung von stereotypischen Rollenbildern und das Verhandlungsverhalten von Frauen hingewiesen. Die Höhe des Gender Pay Gaps, ob bereinigt oder unbereinigt, ist also in einem Höchstmaß von Geschlechterstereotypen abhängig, die in einer Gesellschaft vertreten sind.

In einer Studie von Professor Dr. Katrin Auspurg und Kollegen fanden die Probandinnen und Probanden es fair, wenn eine Frau für die gleiche Arbeit und bei gleicher Qualifikation weniger Lohn erhielt als ein Mann.

Der Gender Pay Gap bezieht sich auf Durchschnittswerte von Gesamtdeutschland und ist damit vielleicht etwas abstrakt.

Eine Befragung von Prof. Dr. Elke Wolf von der Hochschule für angewandte Wissenschaften in München macht es in ihrer Publikation „Der Gender Pay Gap von Alumni der Fakultät für Wirtschaftsingenieurwesen der HM" konkreter.

Sie befragte eine kleine Gruppe von Alumni der Fakultät für Wirtschaftsingenieurwesen. Auszüge:„[...] Aber wie sieht es bei den Alumni der Fakultät für Wirtschaftsingenieurwesen an der Hochschule München aus? Studentinnen und Studenten an der FK09 haben alle die gleiche Ausbildung genossen, mit ähnlichen Noten abgeschlossen und ähnlich lang studiert. Verdienen sie dann auch gleich viel? Auf Basis der Alumni-Befragung vom SoSe [Anmerkung: Sommersemester] 2018 können die Löhne von Männern und Frauen direkt miteinander verglichen werden. [...] Vergleicht man die Bruttomonatslöhne von Männern und Frauen, so zeigt sich, dass Frauen im Durchschnitt 28 Prozent weniger verdienen als Männer. Berücksichtigt man zusätzlich die durchschnittlichen Boni und Zulagen, wächst das Lohndifferential auf 34 Prozent. Wenn Teilzeitbeschäftigte und AbsolventInnen, welche die Hochschule bereits vor 2010 verlassen haben, ausgeschlossen werden, sinkt der Lohnabschlag von Frauen auf 18 bzw. 23 Prozent. […]"

GENDERSTEREOTYPEN
WAS MÄNNLICH UND WEIBLICH SEI

Der Gender Pay Gap wird auf allen Ebenen gefüttert von tradierten Rollenbildern über Frauen und Männer und deren Selbstkonzepte. Geschlechterstereotypen, die wir in unseren Köpfen haben, wirken. In der Wissenschaft werden Geschlechterstereotype definiert als kognitive Strukturen, die sozial geteiltes Wissen über die charakteristischen Merkmale von Frauen und Männern enthalten (Eckes, Thomas 2008). Das heißt so viel wie: das, was wir als Gesellschaftsmitglieder im Allgemeinen über Männer und Frauen denken. Eine Faustregel, die uns in vielen Situationen hilft, uns schnell im Alltag zurecht zu finden. Allerdings führen uns diese pauschalen Einschätzungen manchmal in die Irre.

Ich persönlich finde das englische Wort Gender angebrachter, da im Englischen zwischen „gender" und „sex" unterschieden wird. „Sex" entspricht unserem Wort „Geschlecht" im biologisch-körperlichen Sinne. „Gender" meint das, was uns aufgrund unseres Geschlechts sozial anerzogen wurde, die soziale Rolle bzw. was unsere eigene Geschlechteridentifikation ist.

Genderstereotypen umfassen Vorstellungen von physischen Merkmalen (Männer sind groß, Frauen klein) genauso wie persönliche Eigenschaften (Männer sind analytisch, Frauen emotional), Vorlieben und Interessen (Männer sind an Technik und Autos interessiert, Frauen an Fashion und Beauty) oder auch Berufe (Männer sind Manager, Frauen sind Assistentinnen). Das Geschlecht einer Person ist eine der wichtigsten Kategorien, in die wir Menschen einteilen. Wir sagen: „Oh, schau mal, die Frau dort drüben." Oder „Guten Tag FRAU XY" und nicht „Guten Tag Mensch mit roten Haaren". Das heißt also, diese Einteilung in Geschlechter ist allgegenwärtig, sowohl im privaten als auch im Businessumfeld.

Es gibt unterschiedliche Ausprägungen von Genderstereotypen. Die genannten fallen in die Kategorie der deskriptiven Genderstereotypen. Sie beschreiben, wie die Welt ist bzw. eigentlich muss es eher heißen, sie beschreiben, wie die Welt „sei". Wie Männer und Frauen in einer Gesellschaft wahrgenommen werden.

Und wie „sind" sie denn nun, DIE Männer und DIE Frauen? Männer seien handlungsorientiert und Frauen gemeinschaftlich orientiert.

HANDLUNGSORIENTIERTE MÄNNER „SIND":	GEMEINSCHAFTLICH ORIENTIERTE FRAUEN „SIND":
durchsetzungsstark	fürsorglich
selbstbewusst	warm / liebevoll
führungsstark	bescheiden
wettbewerbsorientiert	rücksichtsvoll
entscheidungsstark	freundlich / fröhlich
ehrgeizig	empathisch
logisch	kooperativ
aktiv / direkt	passiv
analytisch	hilfsbereit / für andere da
zielfokussiert	zuverlässig
unabhängig	beliebt
...	...

Quelle: Nach Thomas Eckes (2008) sowie Danielle Gaucher, Justin Friesen, Aaron C. Kay (2011)

Für Männer ist es im Business recht komfortabel. Wenn Sie die Zuschreibungen der Männer durchlesen, woran und an wen denken Sie? Ja, genau, sie entsprechen dem, was landläufig auch vom Management und von Führungskräften erwartet wird und wodurch Kompetenz und Handlungsorientierung beschrieben wird. Virginia E. Schein brachte es auf den Punkt: „think manager – think male".

Für Frauen sieht es da anders aus. Die Zuschreibungen für Frauen entsprechen dem, was mit Teamplayern, Familien- und Haushaltsarbeit, Pflege von Angehörigen oder auch der Frau, die ihrem erfolgreichen Mann den Rücken freihält, in Verbindung gebracht wird. Wärme oder Gemeinschaftsorientierung sind hier die Schlagworte. Damit fängt das Dilemma von Frauen im Business an.

Je höher die Positionen im Management werden, desto wichtiger wird das handlungsorientierte Verhalten und das gemeinschaftliche tritt in den Hintergrund. Das bedeutet, dass die Genderstereotypen karriereförderlich für Männer sind, für Frauen hingegen karrierehinderlich (Lack of Fit für Frauen in Führungspositionen).

Falls die Digitalisierung und das, was mit New Work in Verbindung gebracht wird, tatsächlich das gemeinschaftliche Verhalten stärker in den Fokus der Führung rückt, wie teilweise momentan diskutiert wird, könnte dies zukünftig karriereförderlich für Frauen sein. Allerding fehlen dazu noch entsprechende Studien und Erfahrungen.

SOZIALISATION – FRÜH WERDEN WIR ZUM „MÄDCHEN" ODER „JUNGEN"

Jetzt kann man sich ja fragen, wann das Ganze denn anfängt. Früh fängt es an, ganz früh! Spätestens zur Geburt. Da werden rosafarbene Strampler mit Schleifchen, Herzchen oder der Aufschrift „Prinzessin" für die Mädchen gekauft. Für Jungen wiederum kommen blaue Strampler mit wilden Tieren und Schiffen oder der Aufschrift „Thronfolger" in den Warenkorb.

GOOD TO DO

Hier können wir Frauen uns selbst an die Nase fassen und sehr direkt etwas zur Veränderung beitragen. Wir sind ja in der Regel diejenigen, die solche Geschenke kaufen (Fürsorgeaspekt). Ich überlege mir mittlerweile sehr genau, was ich meiner Nichte zum Geburtstag oder zu Weihnachten schenke. Sind es immer nur Glitzerspangen und Ponys, die sie kämmen kann? Oder auch mal eine Zeitschrift, die naturwissenschaftliche Themen kindgerecht aufbereitet? Was ist mein Ziel dahinter? Ich möchte, dass meine Nichte später auf ein breites Spektrum an Erfahrungen zurückgreifen kann und die Wahl hat.

Einige Untersuchungen weisen darauf hin, dass selbst schon im Mutterleib das Verhalten von Jungen und Mädchen unterschiedlich bewertet wird. Wenn das Kind stark strampelt, wird das Verhalten bei Jungen als „aktiv“ und bei Mädchen als „unruhig“ tituliert.

Später setzt es sich fort und wird vom sogenannten Gender Marketing auf die Spitze getrieben. Eindrucksvoll zeigt sich das in Drogeriemärkten etwa in der Kindershampoo-Abteilung. Auch hier gibt es für Mädchen Prinzessinnen-Shampoo mit den Worten wie „Meereszauber“, „märchen- oder traumhaft“ oder „süßer Beeren-Duft“. Auf Jungenshampoos finden sich Aufschriften wie „Superduscher“, „Weltraum-Star“ oder „wilder Meeres-Duft“. Weiter geht es bei „Mädchen-“ und „Jungen-Tee“, Badezusätzen oder auch Lese-Lernbüchern.

In der sehr sehenswerten ZDF-Dokumentation „No more boys and girls" zeigt die Moderatorin Collien Ulmen-Fernandes, wie konservativ die Rollenbilder von Frauen und Männern bei 7-jährigen Jungen und Mädchen sind und woher diese kommen.

Weiter kann es in der Schule gehen, da gab es zu meiner Zeit in den 70er-Jahren die sogenannten Poesiealben. Alle in einer Klasse schrieben sich gegenseitig Verse und Sprüche in dieses Büchlein.

Hier zwei Beispiele aus meinem Poesiealbum:

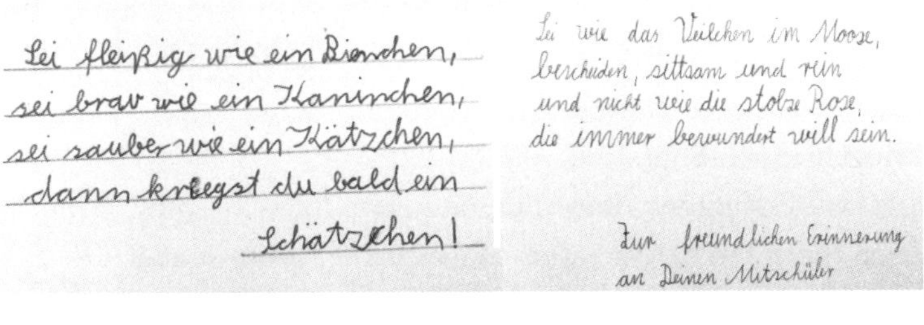
Sei fleißig wie ein Bienchen,
sei brav wie ein Kaninchen,
sei sauber wie ein Kätzchen,
dann kriegst du bald ein
Schätzchen!

Sei wie das Veilchen im Moose,
bescheiden, sittsam und rein
und nicht wie die stolze Rose,
die immer bewundert will sein.

Zur freundlichen Erinnerung
an Deinen Mitschüler

Ich hatte die Hoffnung: Ok, du bist schon im fortgeschritteneren Alter. Das läuft wahrscheinlich heute anders. In meinen Trainings für MINT-Studentinnen und -Mentorinnen habe ich gefragt: „Wie sieht es in euren Poesiealben oder auch Freundschaftsbüchern aus?" Und auch etwa 20 Jahre später finden sich ähnliche Einträge.

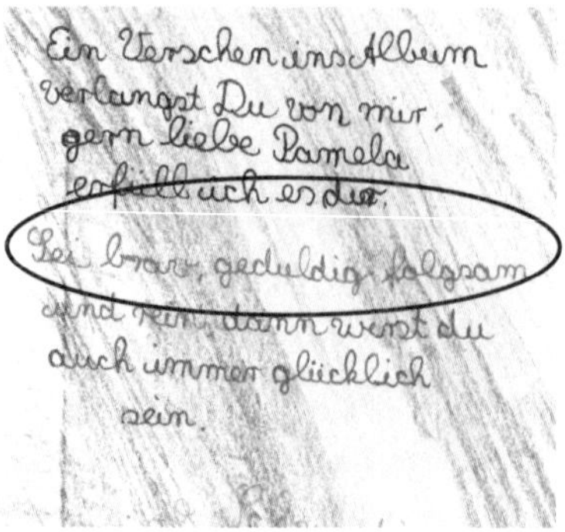

In der Schule kommen Lehrende hinzu, die ebenfalls mit Genderstereotypen aufgewachsen sind. In der Regel trauen auch die Lehrenden Mädchen in naturwissenschaftlichen Fächern weniger zu als Jungen. Und wie entscheidend es für Erfolg oder Misserfolg ist, ob jemand an mich und meine Fähigkeiten glaubt oder nicht, dazu gibt es hinreichend viele Studien. Mädchen wird damit der Einstieg in die „Jungenwelt" erschwert und Jungen in die „Mädchenwelt". Sie sammeln in dem jeweils anderen Bereich deutlich weniger Erfahrungen. Sie konzentrieren sich lieber auf die Bereiche, in denen sie mehr positive Rückmeldungen erhalten, z.B. Mädchen in den Bereichen Sprachen, Kunst, etc.; Jungen in den Bereichen Zahlen, Technik, etc. Irgendwann haben Jungen weniger Kompetenzen in Sprach- und Geisteswissenschaften und Mädchen in Naturwissenschaften aufgrund der fehlenden Erfahrungen. Die selbsterfüllende Prophezeiung hat sich für beide Geschlechter bestätigt.

Das Phänomen, dass Frauen „kein Interesse bzw. schlechte Leistungen" in naturwissenschaftlichen Fächern zeigen, gibt es in deutlich geringerer Ausprägung in reinen Mädchenschulen. Aktuell gibt es Überlegungen, reine Frauenstudiengänge in MINT-Fächern anzubieten. Was sich auf den ersten Satz antiquiert anhört, könnte ein Weg sein, von der Schule über das Studium mehr Frauen in männlich dominierte Bereiche der Wirtschaft zu bringen.

Mit diesem Hintergrund: Schüler können Mathe, Schülerinnen Sprachen, geht es ins Studium oder in die Ausbildung. Später beklagen sich dann Führungskräfte in der Wirtschaft über zu wenige Frauen mit Interesse an MINT-Berufen ...

Dieses Phänomen wird durch fehlende Rollenvorbilder von der Kindheit über die Schule und Ausbildung bis zum Beruf verstärkt: „You can't be what you can't see!“ Denn welche Berufe und Positionen ziehe ich aufgrund dessen, was ich um mich herum sehe, überhaupt für mich in Betracht? Wenn ich keine Frauen und Männer sehe, die sich entgegen der klassischen Rollenbilder verhalten, dann fehlt mir die Vielfalt der Optionen.

Maria Furtwängler fasst es für den Bereich der Sozialen Medien zusammen „Das Frauenbild orientiert sich an den Fünfziger-Jahren.“ Frauen wird auch heute noch vielfach von Kindesbeinen an mitgegeben, brav, lieb und passiv zu sein. Am besten sollten sie sich um ihr Äußeres kümmern, damit sie einen Mann abbekommen, der sie versorgt und dem sie den Haushalt machen.

Männern wird dagegen oft mit in die Wiege gelegt, dass sie auf Abenteuerreise gehen, sich gegen Gefahren durchsetzen, aktiv sind und ein aufregendes und abwechslungsreiches Leben führen werden. Wenn sie sich für eine Beziehung entscheiden, nehmen sie die Versorgerrolle ein.

Bei allen Ausnahmen von den Regeln entwickeln sich Selbstkonzepte bei Mädchen / Frauen und auch Jungen / Männern, die sich selbst bestätigen und der Zyklus beginnt von vorne.

VORGESTERN WAR ES NOCH GANZ ANDERS

Und genauso war es auch über Jahrhunderte hinweg. Die Frauen blieben zu Hause am Herd mit den Kindern (Care-Arbeit) und die Männer waren auf der „Jagd“; früher nach Fleisch, später nach Talern und Euro (Erwerbsarbeit).

Erst sukzessive nahmen wir Frauen am Business teil. Das ist noch nicht so lange her, wie wir vielleicht denken. Gerade mal eine gute Generation. Auszüge aus der jüngeren Geschichte mit dem Fokus auf Westdeutschland:

1919	Wahlrecht für Frauen (Frankreich: 1944, Belgien: 1948, Schweiz: 1971, Lichtenstein: 1984)
1958	Frauen dürfen ohne Zustimmung ihres Mannes den Führerschein machen.
1962	Frauen dürfen ihr eigenes Bankkonto eröffnen.
1969	Verheiratete Frauen werden als voll geschäftsfähig angesehen.
1977	Frauen dürfen ohne Zustimmung ihres Mannes einen Arbeitsvertrag unterschreiben.

Wenn Frauen überhaupt an der Erwerbsarbeit teilnahmen, dann galt ihre Arbeit lange als Zeitvertreib, Hobby oder Zuverdienst. Überhaupt war die Erwerbsarbeit für Frauen lange nur möglich, wenn ihr Mann zustimmte und die Haushaltspflichten dabei nicht litten. Meine Mutter z.B. musste meinen Vater noch fragen, ob sie arbeiten dürfe – sie durfte, ein Glück.

GOOD TO KNOW

1957 bis 1977 lautete § 1356 BGB Absatz 1:
„Die Frau führt den Haushalt in eigener Verantwortung. Sie ist berechtigt, erwerbstätig zu sein, soweit dies mit ihren Pflichten in Ehe und Familie vereinbar ist."
1977 wurde es geändert in das „paritätische Ehemodell". § 1356 BGB lautet: „Die Ehegatten regeln die Haushaltsführung in gegenseitigem Einvernehmen. [...] Beide Ehegatten sind berechtigt, erwerbstätig zu sein."

15% – AUSWIRKUNGEN VON GENDERSTEREOTYPEN AUF KARRIEREN VON FRAUEN UND MÄNNERN

Bei den nächsten Punkten möchte ich noch einmal darauf hinweisen, dass die Aspekte des sogenannten erklärbaren Gender Pay Gaps Teile einer gesellschaftlich bedingten Benachteiligung gegenüber Frauen darstellen. Hier zeigt sich eine Struktur, die weder ausschließlich durch Frauen hervorgerufen wurde noch von ihnen verändert werden kann.

Die klassischen Rollenbilder wirken bis heute: Aus den Genderstereotypen ergeben sich Rollenbilder und damit -erwartungen.

Frau = Verantwortung für Haushalt und Kinder = unbezahlte Haus- und Pflegearbeit.

Mann = Verantwortung für Einkommen und Versorgung = bezahlte Erwerbsarbeit.

GOOD TO THINK ABOUT

Frau Professor Heather Hofmeister spricht von der „idealen Arbeitskraft", die ständig und überall einsatzbereit ist für bezahlte Arbeit sowie der „marginalisierten pflegenden Angehörigen", die unentgeltlich, unsichtbar, nicht anerkannt es der idealen Arbeitskraft ermöglicht, den Job zu tun. Sie bilden das ideale heterogene Paar. Die marginalisierte pflegende Angehörige ist abhängig von der idealen Arbeitskraft, gerade finanziell. Trotz aller Risiken wird diese Konstellation nach wie vor oft als Privileg verstanden.

Frauen haben mehr Erwerbsunterbrechungen

Gleich doppelt bezahlen Frauen für Erwerbsunterbrechungen, denn nach so einer Unterbrechung ist es schwieriger, in Führungspositionen aufzusteigen und höhere Gehälter zu verhandeln. Es ist hinreichend erwiesen, dass Kinder für Männer karriere- und gehaltsförderlich sind und für Frauen schädlich. Ihm wird die nächste Beförderung und mehr Gehalt zugestanden, weil er Kinder hat und ihm die Versorgerrolle zugesprochen wird. Sie erhält die Beförderung und die Gehaltserhöhung nicht, weil sie Kinder hat und ihr die Fürsorge- und Haushaltsrolle zugesprochen wird. Die gleiche Situation führt bei Männern und Frauen zu unterschiedlichen Konsequenzen.

GOOD TO DO

Genauso wie es für Frauen möglich sein sollte, ohne Karriereeinbußen Erwerbsunterbrechungen zu haben, sollte es auch für Männer karriereunschädlich sein, z.B. Elternzeit zu nehmen – und nicht nur die zwei mit Elterngeld unterfütterten Monate. Viele Männer bedauern es im Alter, das Aufwachsen ihrer Kinder nur aus der Ferne erlebt zu haben.

Frauen arbeiten mehr in Teilzeit

Warum ist das so? Zum einen haben Frauen in ihrem Privatleben eine schlechtere Verhandlungsbasis bei der Frage, wer zu Hause bleibt. Wenn Frauen weniger verdienen (und wenn es nur 6% sind), dann ist klar, wer zu Hause bleibt, wenn Nachwuchs kommt. Dass ältere Männer, die schon weiter im Berufsleben fortgeschritten sind, und jüngeren Frauen, die im Vergleich weniger Berufserfahrung haben, Paare bilden, verstärkt diesen Effekt.

Frauen unterbrechen die Karriere. Männer machen in der Zeit Karriere. Er steigt auf, sie hat weniger Chancen aufzusteigen. Zum einen müssen Frauen nach der Unterbrechung erst einmal wieder in den Job kommen. Zum anderen ist es so, dass die Haushaltsarbeit zu einem größeren Anteil von Frauen erledigt wird (egal, ob mit oder ohne Kinder; Voll- oder Teilzeit) und um die Belastung zwischen Erwerbs- und unbezahlter Carearbeit zu reduzieren, arbeiten Frauen in Teilzeit. Damit ist der Stress reduziert für Mann und Frau. Die Vereinbarkeit von Familie und Beruf ist nach wie vor eine Frage, die sich in der Regel Frauen stellen und beantworten müssen. Für Männer hingegen stellt sich diese Frage oft gar nicht erst. Damit haben leider nur wieder Frauen das Nachsehen. In doppelter Weise. Speziell, wenn sie beruflich aufsteigen möchten, denn Aufstieg in Teilzeit braucht immer mehr Einsatz und Überzeugung als in Vollzeit und darüber hinaus leidet die Altersvorsorge.

GOOD TO KNOW

Frauen erledigen den Hauptanteil der unbezahlten Haushaltsarbeit, nur knapp 30% der Männer beteiligen sich täglich. (statista 2019)

„Auch wenn man Erwerbs- und Hausarbeit sowie Kinderbetreuung zusammen betrachtet, sind Frauen im Durchschnitt stärker belastet als Männer: Zwar sind sie werktags gut zweieinhalb Stunden weniger erwerbstätig, kümmern sich dafür aber gut viereinhalb Stunden mehr um den Haushalt und die Kinder."

(Deutsches Institut für Wirtschaftsforschung, Langzeitstudie SOEP, 2016)

In Teilzeit verdienen Frauen auf jeden Fall noch weniger als Männer. In der Regel fließt ihr Gehalt allerdings auch in den nächsten Urlaub, größere Anschaffungen oder „das, was extra kommt“ und nicht in die Altersvorsorge der Frauen.

Frauen arbeiten weniger in Führungspositionen

Teilzeit gilt in vielen Führungsetagen immer noch als Karrierekiller, da mit Extrameile und außergewöhnlicher Leistung immer noch Präsenz und uneingeschränkte Flexibilität gemeint ist und Karriere nach 18 Uhr gemacht wird. Da ist SIE, in Teilzeit, längst zu Hause ...

Gleichzeitig sind da natürlich noch Frauen, die in Vollzeit arbeiten und auch einen herausragenden Job machen, aber auch diese sind ungleich seltener in Führungspositionen zu finden als Männer. Stichwort Gläserne Decke bzw. Karriere-Labyrinth.

Aufgrund der Zuschreibungen werden Männer eher nach Potenzial-Einschätzung befördert und Frauen nach dem, was sie schon geleistet haben. Durch die wenig handlungsorientierten Zuschreibungen müssen Frauen ihre Leistungen erst einmal unter Beweis stellen. Das kostet Frauen Zeit und Energie. Männer sind in der Zwischenzeit schon auf der nächsten Karrierestufe angekommen. Interessant ist, dass sowohl Männer als auch Frauen Männern mehr Führungskompetenz zuschreiben. Diese Zuschreibung ist sehr hartnäckig, wie Isabel Bohnet es in ihrem Buch „What works" beschreibt. Selbst nachdem es in einem Experiment deutlich war, Frauen sind in diesem Fall kompetenter gewesen, entscheiden sowohl Frauen als auch Männer sich für einen Mann in der Führungsrolle.

Gleichfalls kommt hier der sogenannte Thomas-Kreislauf zum Tragen (Im März 2017 gibt es bei den deutschen Vorständen der an der Frankfurter Börse notierten Unternehmen mehr Männer, die „Thomas" und „Michael" heißen, als Frauen, AllBright-Stiftung, 2017).

Wir finden sympathisch, was uns ähnlich ist – Ähnlichkeit entsteht z.B. durch gleiche Ausbildungen, Alter, Zugehörigkeit zur gleichen studentischen Verbindung, ... da kennt „Mann" sich und weiß sich einzuschätzen. Loyalitäten und Rituale sind klar und allseits bekannt. Führungskräfte umgeben sich mit Spiegelbildern ihrer selbst. Da haben Frauen es schwer. Sie sind in diesem Kreis die Ausnahme und nicht die Regel.

Frauen arbeiten mehr in schlecht bezahlten Branchen und Berufen

Laut OECD beeinflussen gesellschaftliche und geschlechterspezifische Stereotypen die Entscheidungen von Jungen und Mädchen über Bildungs- und Berufswahl stärker als die vorhandenen individuellen Kompetenzen. Frauen sind oft in Fürsorge-Branchen und -Berufen anzutreffen wie Altenpflegerin, Krankenschwester oder auch als Servicekraft in der Gastronomie. Berufe, die die Hausarbeit professionalisiert haben. Diese werden schlechter bezahlt als das Gros der männlich dominerten Branchen und Berufe. Da stellt sich die Frage, warum wird „anderen helfen" konsequent schlechter entlohnt oder gar nicht? Die Bildungssoziologin Prof. em. Dr. Ursula Rabe-Kleberg stellt in den Raum, dass Frauen in Berufen arbeiten, „die Männer nicht tun wollen, also übriglassen".

Eine Erhöhung der Frauenquote in bestimmten Berufen geht durchaus mit einem erheblichen Statusverlust einher. Kellner, Friseure oder auch Grundschullehrer waren früher männlich geprägte Berufe. Heute finden sich dort verstärkt Frauen mit einer niedrigeren durchschnittlichen Vergütung und weniger Ansehen.

Es geht auch umgekehrt. Haben Frauen in den 60er-Jahren Programmierungsleistungen erbracht und wurden dafür kaum wahrgenommen, so ist heute das Programmieren ein männlich besetzter, angesehener und gut dotierter Beruf.

Aus den Erläuterungen wird klar, die Genderstereotypen wirken eben nicht nur beim unerklärlichen Rest des Gender Pay Gaps, sondern sind auch Ursache für die strukturellen Unterschiede. Mit diesen Einsichten fällt es schwer, den strukturell erklärbaren Anteil vom Gender Pay Gap von 15% einfach wegzuwischen. Es ist es eben nicht nur ein Problem, das sich allein durch das Verhalten von Frauen erklären lässt. Hier sind alle Beteiligten – Frauen, Männer, Unternehmen, Staat – im Boot und leisten dem Problem durch ihr Verhalten eher Vorschub oder zumindest bislang wenig Abhilfe.

Nun geht es bei meinem Thema darum, Frauen dabei zu unterstützen, in Gehaltsverhandlungen stärker zu werden, eigene Muster zu erkennen, Stereotypen auf die Schliche zu kommen und ein Vorgehen zu entwickeln, Gehaltsgespräche souverän und gelassen zu führen und erfolgreich zu verhandeln. Die 15%ige Lücke muss von vielen Parteien bearbeitet werden. Mein Fokus in diesem Buch gilt dem 6%igen Anteil des Gender Pay Gaps. Was passiert, wenn Frauen Gesprächspartnern gegenübersitzen, die in dieser Position überwiegend männlich sind, und ihr Gehalt verhandeln?

6% – DAS DILEMMA IST FRAUENSACHE UND WARUM WIR OFT NICHTS SAGEN

Bei dem bereinigten Gender Pay Gap von 6% wirken Ungleichbehandlung von Männern und Frauen, stereotypischen Rollenbilder und die Verhandlungsführung von Frauen ein.

Wie oben beschrieben, ist es für Männer recht komfortabel: Ihnen werden qua Geschlecht Führungs- und Managementqualitäten zugeschrieben. Das heißt, der Erfolg und die Kompetenz werden quasi gleich mit der Geburt mitgeliefert.

Wie sieht es bei uns Frauen aus?

In der Praxis treffe ich in Gehaltsgesprächen auf Frauen, die ich nicht hören kann, weil sie so leise sprechen, die vergessen, wichtige Stationen in ihrem Lebenslauf zu erwähnen oder die mir auf die Frage, was sie verdienen möchten, erwidern: „Sagen Sie mir, was ich verdienen soll."

Frauen zeigen sich in diesen Fällen sehr konform zu dem, was von ihnen gesellschaftlich erwartet wird. Leise, bescheiden, brav, zurückhaltend … Leider ist das weder das, was im Business gemeinhin von erfolgreichen Menschen erwartet wird, noch das, was als erfolgsversprechendes Verhalten in Gehaltsverhandlungen gilt.

Wenn wir nun aber selbstbewusst auftreten, z.B. wenn wir in einer Führungsposition sind oder unser Gehalt hart verhandeln, was passiert dann?

Ich lade Sie zu einem Gedankenexperiment ein:
Stellen Sie sich einmal einen männlichen Abteilungsleiter vor, der gerade sein Team verstärken will. Mal angenommen, dieser sitzt in einem Bewerbungsgespräch, es geht um die Gehaltsfrage. Ihm gegenüber sitzt ein sehr gut ausgebildeter junger Mann, der alles mitbringt, was die Position erfordert – und ein bisschen mehr.

Der Abteilungsleiter fragt ihn: „Wenn Sie zu uns kommen, was möchten Sie verdienen?" Der junge Mann antwortet aus voller Überzeugung: „Natürlich können Sie sich 150-prozentig auf mich verlassen! Auf meine Ausbildung, meine Erfahrungen und vor allem auf meine Bereitschaft, mich voll und ganz in Ihrem Unternehmen zu engagieren. Ich bin absolut sicher, ich passe perfekt auf die Position! Meine Gehaltsvorstellungen sind x TEUR!"

Was meinen Sie, liebe Leserin: Wenn der Abteilungsleiter den jungen Mann das sagen hört, welche Gedanken tauchen vielleicht in seinem Kopf auf? Welche Emotionen löst das bei ihm aus? Tragen Sie einmal spontan Ihre Einschätzung auf den beiden folgenden Skalen ein:

1. Wie viel Kompetenz schreibt der Abteilungsleiter wohl dem jungen Mann auf einer Skala von 0 bis 10 zu?

(0 = gar nicht kompetent; 10 = absolut kompetent)

0 ———————————————————————— 10

2. Und wie viel Sympathie auf einer Skala von 0 bis 10?

(0 = gar nicht sympathisch; 10 = absolut sympathisch)

0 ———————————————————————— 10

Und jetzt stellen Sie sich vor, an einem anderen Tag führt dieser Abteilungsleiter wieder ein Bewerbungsgespräch, es geht um die Gehaltsfrage. Ihm gegenüber sitzt eine sehr gut ausgebildete junge Frau, die alles mitbringt, was die Position erfordert – und ein bisschen mehr.

Der Abteilungsleiter fragt sie: „Wenn Sie zu uns kommen, was möchten Sie verdienen?“ Die junge Frau antwortet aus voller Überzeugung: „Natürlich können Sie sich 150-prozentig auf mich verlassen! Auf meine Ausbildung, meine Erfahrungen und vor allem auf meine Bereitschaft, mich voll und ganz in Ihrem Unternehmen zu engagieren. Ich bin absolut sicher, ich passe perfekt auf die Position! Meine Gehaltsvorstellungen sind x TEUR!“

Was meinen Sie, liebe Leserin: Wenn der Abteilungsleiter die junge Frau das sagen hört, welche Gedanken tauchen vielleicht in seinem Kopf auf? Welche Emotionen löst das bei ihm aus? Tragen Sie auch hier einmal spontan Ihre Einschätzung auf den beiden folgenden Skalen ein:

1. Wie viel Kompetenz schreibt der Abteilungsleiter wohl der jungen Frau auf einer Skala von 0 bis 10 zu?

(0 = gar nicht kompetent; 10 = absolut kompetent)

0 —————————————————————————— 10

2. Und wie viel Sympathie auf einer Skala von 0 bis 10?

(0 = gar nicht sympathisch; 10 = absolut sympathisch)

0 —————————————————————————— 10

Im Fall des jungen Mannes dürften bei dem Abteilungsleiter die folgenden Gedanken auftauchen – in dieser oder ähnlicher Form: „Cool, das nenne ich mal selbstbewusst. Der junge Mann hat Ziele, mit dem können wir langfristig planen. Und die Hörner stößt er sich nach und nach ab. Gibt mir ein gutes Gefühl!"

Im Fall der jungen Frau dürften bei dem Abteilungsleiter jedoch folgende Eindrücke auftauchen – in dieser oder ähnlicher Form. „Na! Wenn die sich da mal nicht ein wenig verhebt mit ihrem Selbstbewusstsein. Ob sie das wirklich alles so liefern kann? Und ob diese zickige Art bei den Kollegen hier im Unternehmen so gut ankommt? Wenn ich da an Herrn ... denke!"

Legen Frauen „handlungsorientiertes" Verhalten wie Selbstbewusstsein und Durchsetzungsstärke an den Tag, wirken Genderstereotypen bzw. Rollenerwartungen präskriptiv. Jetzt wird aus der Norm eine Vorschrift. Es gibt nun eine Regel, die besagt, wie sich Frauen verhalten sollen. Die Vorstellung wandelt sich zu der Regel „so sollen Frauen sein", nämlich fürsorglich, bescheiden, leise. Wenn Frauen diese Regel nun nicht beachten und sich nicht normkonform verhalten, dann werden sie für diese Normverletzung bestraft. Die Bestrafung erfolgt in der Regel durch Sympathie-Entzug.

Kontrastereotypes Verhalten wie selbstbewusstes und forderndes Verhalten wird bei Frauen durch Sympathieentzug geahndet. Die Reaktionen des oft männlich geprägten Umfelds können sein: „Mit der ist nicht gut Kirschen essen, da musst du vorsichtig sein!", „Die hat Haare auf den Zähnen", „So eine Zicke, da habe ich ja gar keine Lust, weiterzusprechen.", „Oh, oh, Achtung, bitte nicht so bossy auftreten!" „Was die sich rausnimmt ..."

PRÄSKRIPTIVE GENDERSTEREOTYPEN WIRKEN AUCH IM BERUFLICHEN UMFELD. ZEIGEN FRAUEN KONTRA-STEREOTYPISCHES VERHALTEN WERDEN SIE MIT SYMPATHIEENTZUG BESTRAFT.

Erwartetes Verhalten von Frauen (gemeinschaftlich):
- fürsorglich
- bescheiden
- nicht zu (vor)laut
- gemeinschaftsorientiert
- ...

Zeigen Frauen gemeinschaftliches orientiertes Verhalten, bleiben sie in der Norm.

Normgerechtes Verhalten sichert Frauen auch im beruflichen Umfeld Sympathie und Unterstützung.

Erwartetes Verhalten von Männern (handlungsorientiert):
- durchsetzungsstark
- selbstbewusst
- führungsstark
- ehrgeizig
- ...

Zeigen Frauen handlungsorientiertes Verhalten, verletzen sie die Norm.

Die Normverletzung wird bei Frauen im beruflichen Umfeld durch Sympathieentzug bestraft.
Das gleiche handlungsorientierte Verhalten führt zu unterschiedlichen Reaktionen des Umfelds abhängig davon, ob es ein Mann oder eine Frau zeigt.

Quelle: Nach Welpe, Brosi, Schwarzmüller sowie Heilmann (2001)

I just love bossy women. I could be around them all day.
To me, bossy is not a pejorative term at all. It means somebody's passionate and engaged and ambitious and doesn't mind leading.
AMY POEHLER

Die Reaktionen des Umfelds bei Männern, die selbstbewusst auftreten, ist in Bezug auf Kompetenz und Sympathie positiv: „Der weiß, was er will!", „Der Mann hat Ziele!", „Ein wenig überambitioniert, aber lieber mehr, als weniger, das wird schon!" ...

Frauen stecken also in einem Dilemma, das für Männer so nicht existiert. Wir Frauen müssen uns entscheiden: Entweder treten wir bescheiden auf, das lässt uns sympathisch, aber nicht kompetent wirken. Oder wir treten fordernd auf, dann nimmt man uns vielleicht die Kompetenz ab, aber die Sympathie bleibt auf der Strecke. Frauen werden also als kompetent ODER sympathisch wahrgenommen. Dieses Dilemma kennen Männer nicht.

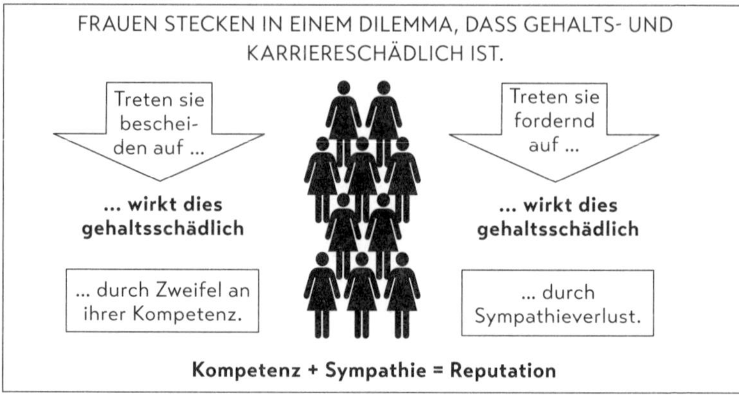

Quelle: Nach Iris Bohnet (2017)

Egal was ich als Frau mache, irgendeine Komponente fehlt mir. Ich stecke in einem Dilemma. Um als Führungskraft erfolgreich zu sein oder auch um ein gutes Gehalt zu verhandeln, brauche ich beides, Kompetenz und Sympathie. Aus den beiden Komponenten setzt sich Reputation zusammen. Diese benötige ich nicht nur bei Gehaltsverhandlungen, sondern auch bei der Entwicklung meiner Karriere.

Das ist auch der Grund, warum so viele generelle Ratgeber für Gehaltsverhandlungen bei Frauen nicht funktionieren. Denn wenn ich als Frau einfach das kopiere, was für Männer in Verhandlungen gilt, „tritt fordernd und selbstbewusst auf, hau' mal mit der Faust auf den Tisch, zeig denen mal, wo der Hammer hängt", dann habe ich als Frau das „Sympathieverlust-Problem", das Männer so nicht haben.

Jetzt kann man sich ja fragen, warum ist Sympathie so wichtig? Müssen mich alle mögen? Nein, nicht alle, aber diejenigen, die für Gehalts- und Karriereentscheidungen wichtig sind.

Denn Sympathie ist z.B. wichtig

- für das Durchsetzen von Gehaltsforderungen,
- um in den Kreis derer zu kommen, die für die nächste Beförderung vorgeschlagen werden,
- um Teammitglieder für sich zu gewinnen oder
- um für spannende Aufgaben vorgeschlagen zu werden.

Wie geht es Männern in Frauendomänen?

Arbeitet ein Mann als Kindergärtner, haben wir vielleicht einen Zweifel an seiner Kompetenz, aber Sympathie ist ihm auf jeden Fall sicher. Ähnlich wie einem Vater in Elternzeit, der mit seinen Kindern auf den Spielplatz geht. Mehr dazu erläutert Iris Bohnet in ihrem Buch „What Works".

In einem Gespräch mit einem 21-jährigen Erzieher in Ausbildung erzählte dieser mir von einem Dialog mit einem Gleichaltrigen: „Ja, mache Erzieher, dann kannst du schnell in die Leitung aufsteigen, die nehmen immer gerne Männer!"

Was dieser junge Mann so salopp dahinsagt, ist wissenschaftlich erwiesen. Männer in Frauenberufen erfahren die höchste soziale Unterstützung. Auch hier gibt es gewisse Widerstände, die aber dadurch kompensiert werden, dass Männer in solchen Berufen vergleichsweise leichter in Führungspositionen kommen.

Wie geht es Frauen in Männerdomänen?

„Es gibt viele Gründe, jemanden unsympathisch zu finden. Bei Frauen reicht es, eine nicht traditionelle Tätigkeit zu haben", sagt Madeline Heilmann, Professorin für Psychologie an der New York University. Frauen scheinen insgesamt weniger soziale Unterstützung am Arbeitsplatz zu erhalten. Wenn sie allerdings eine genderuntypische Berufswahl treffen, erhalten sie deutlich weniger als Männer.

Bei einem Vortrag anlässlich der Dialogreihen für Personaler und Geschäftsführende der IHK München und Oberbayern in Kooperation mit Digital Media Women erzählte Frau Professor Dr. Isabell M. Welpe, Technische Universität München, folgende Geschichte: Wenn ein Professor an die Geburtstage seines Teams denkt und damit „weibliches" Verhalten zeigt, bekommt er sehr positive Rückmeldungen. Wir sind überrascht und finden das so bemerkenswert, dass wir ihm vielleicht direkt ein positives Feedback geben. Wenn Frauen an Geburtstage denken, dann ist das normal und nicht bemerkenswert.

GOOD TO KNOW

Unconscious Bias heißt so viel wie „unbewusste Voreingenommenheit". Männer sowie Frauen haben Genderstereotypen derart verinnerlicht, dass sie ihre Entscheidungen und Bewertungen unbewusst beeinflussen.

Es bleibt also festzuhalten: EIN Verhalten (z.B. selbstbewusstes, forderndes Auftreten) führt zu ZWEI unterschiedlichen Reaktionen des Umfelds, je nachdem ob das Verhalten eine Frau oder ein Mann zeigt (Mann = Kompetenz + Sympathie; Frau = Kompetenz + Sympathieverlust). Es werden unterschiedliche Maßstäbe angesetzt, um das gleiche Verhalten von Männern und Frauen zu bewerten.

Solange das so ist, haben Frauen im Gegensatz zu Männern negative Konsequenzen im Beruf zu befürchten, wenn sie selbstbewusst und fordernd auftreten. Frauen machen also eher schlechte Erfahrungen, wenn sie etwas fordern. Das haben sie im Übrigen auch nicht erst im Job erfahren, sondern seit der Kindheit. Daher lassen sie es oft gleich ganz sein. Zeigen sich brav und bescheiden, da sie aus den Reaktionen ihres Umfelds gelernt haben, dass es das geringere „Risiko" birgt, nichts zu fordern.

Wir sagen also oft nichts oder treten bescheiden auf, nicht weil wir schüchtern sind und es eine Eigenschaft von uns wäre, sondern weil wir ein höheres Risiko tragen und es somit eine Reaktion auf unsere Umwelt ist.

„TYPISCH" MANN UND FRAU IM ARBEITSALLTAG

Mit dieser oben beschriebenen Sozialisation starten Männer und Frauen in den Beruf und zeigen unterschiedliche „typische" Verhaltensweisen im Arbeitsalltag. Selbstverständlich ist ein generalisiertes Rollenbild gemeint, wenn hier von „Frauen" und

„Männern“ gesprochen wird und natürlich ist es so, dass es sehr forsche, karriereorientierte Frauen und sehr zurückhaltende und überhaupt nicht karriereorientierte Männer gibt. Zur Verdeutlichung der Problematik jedoch ist es hilfreich, hier mittels einer Generalisierung die jeweiligen Ausganssituationen und Positionen gegenüberzustellen.

	FRAUEN	MÄNNER
Karriereziele	haben sie oft nur vage formuliert und verfolgen sie erst, wenn alles andere erledigt ist bzw. alle anderen zufrieden und versorgt sind.	sind in der Regel klar definiert und werden mit Prio 1 verfolgt.
Legen wert auf	Harmonie und Beziehungen.	Respekt und Status.
Arbeiten eher an	Sachaufgaben – Inhalten – „Fleißbienchen-Aufgaben“.	strategischen Aufgaben.
Arbeiten eher mit	Innenwirkung.	Außenwirkung.
Sind eher	nicht sichtbar.	sichtbar und sorgen aktiv dafür.
Leisten mal mehr oder weniger viel und erzählen i.d.R.	wenig oder auch gar nichts über ihre Leistungen.	viel über ihre Leistungen.
Sind sich ihrer Kompetenzen	oft nicht bewusst und vergessen sie gerne mal.	sehr bewusst und wissen genau, was sie können oder können sollten.

If you want something said, ask a man; if you want something done, ask a woman.

MARGARET THATCHER

Die Lohnlücke (egal ob bereinigt oder unbereinigt) an sich setzt einen (Fehl-)Anreiz für das Erwerbsverhalten von Frauen. Schlechtere Einkommensaussichten führen zu niedriger Erwerbsneigung, sei es durch längere Erwerbsunterbrechungen, Teilzeit oder durch Ungleichbehandlung und genderstereotypisches Rollenverhalten.

Henrike von Platen bringt es auf den Punkt: „Der Gender Pay Gap ist ein Teufelskreis: Wer zuhause bleibt, verdient weniger, wer weniger verdient, bleibt zuhause. Und am Ende sind Frauen seltener in Führungspositionen zu finden, arbeiten oft in weniger gut bezahlten Berufen und überdurchschnittlich oft in Teilzeit. Sie bekommen seltener eine Beförderung, übernehmen seltener Verantwortung und haben eine andere Verhandlungskultur. Männer werden eher nach Potenzial, Frauen nach erbrachter Leistung bezahlt. Und zuhause sind es die Frauen, die den Löwenanteil an unbezahlter Carearbeit und Hausarbeit übernehmen – sogar bei kinderlosen Paaren."

Umgekehrt, wer gleichviel oder mehr verdient, hat privat die bessere Verhandlungsposition und wird sich freier entscheiden können, was möchte er bzw. sie tun? Wie wird Erwerbs- und Haushaltsarbeit als Paar oder später in der Familie aufgeteilt?

Im Business ist es ähnlich. Wenn ich merke, „wow, da geht was, wenn ich eine tolle Leistung bringe", dafür etwas fordere und dann einen Gegenwert erhalte, dann motiviert es mich, dranzubleiben und weiterzumachen.

Es ist zwar leichter gesagt, als getan und Frauen sind wahrlich nicht die einzigen Akteure in diesem Spiel, aber worauf können wir Frauen achten, um aus dem Teufelskreis auszusteigen bzw. gar nicht erst hineinzukommen?

Gender Pay Gap 15%:

- Genderstereotypen kennen, damit Sie aufmerksam und bewusst Situationen im Berufs- und Privatleben erkennen, die für Sie direkt oder indirekt gehalts- oder auch karriererelevant werden können.
- Sprechen Sie auch in Ihrer Beziehung aktiv und immer wieder darüber, wie bezahlte Erwerbs- und unbezahlte Carearbeit verteilt wird.
- Augen auf bei der Unternehmenswahl, damit möglichst wenig Ungleichbehandlung besteht, um Karriere- und Gehaltsziele zu erreichen.
- Kurze Erwerbspausen und – auch nach Erwerbspausen – Vollzeit bzw. vollzeitnahe Beschäftigungsverhältnisse, damit es zu keiner wirtschaftlichen Abhängigkeit in der Partnerschaft kommt und die Risiken von Altersarmut reduziert werden.
- Berufe und Unternehmen in Branchen mit hohen Gehältern wählen bzw. sich dorthin weiterentwickeln, um einen möglichst hohen Gegenwert für den eigenen Arbeitseinsatz zu erhalten.

Gender Pay Gap 6%

- Setzen Sie sich mit den Genderstereotypen aktiv auseinander, damit sie Ihnen bei Verhandlungen nicht im Wege stehen.
- Kümmern Sie sich um Ihre Karriere, damit Sie auch langfristig gute Gehaltsaussichten haben.
- Verhandeln Sie Ihr Gehalt gut – wie genau, das zeige ich auf den nächsten Seiten.

Um die letzten 6% und den Anteil, den wir Frauen daran verantworten, soll es nun im Weiteren gehen. Was wir Frauen selbst gestalten können, das sollten wir beeinflussen und nicht warten, bis irgendjemand irgendetwas für uns tut. Denn wenn es so weitergeht mit der Entwicklung des Gender Gap, dann braucht es noch gut 200 Jahre, bis der nach Aussage des Weltwirtschaftsforums 2017 aufgelöst sein wird.

GELD & GEHALTSVERHANDLUNG – EINE UNANGENEHME SACHE?

ÜBER GELD SPRICHT MAN NICHT

„Über Geld spricht man nicht!" Mit diesem Glaubenssatz sind die meisten Deutschen aufgewachsen. Manchmal kommt noch eine snobistische Komponente hinzu „Über Geld spricht man nicht, man hat es!" Geld ist eher negativ als positiv belegt. Irgendwie schmutzig und nicht erstrebenswert. „Geld verdirbt den Charakter", „Geld stinkt", „Eher geht ein Kamel durch ein Nadelöhr, als dass ein Reicher in den Himmel kommt."

Geld und damit auch die Höhe des eigenen Gehalts gelten als die letzten Tabuthemen in unserer Gesellschaft. Frau Professor Carolin Ruiner sagt: „Manche wissen nicht mal, was der eigene Partner verdient." Wenn über das Gehalt gesprochen wird, dann meist nur unter vorgehaltener Hand und viele Unternehmen verbieten sogar in ihren Arbeitsverträgen, darüber zu sprechen. Das ist natürlich gesetzlich nicht haltbar, hat aber dennoch seine Wirkung. Wenn ich es doch tue, schleicht sich schnell ein schlechtes Gewissen ein.

Von hochqualifizierten Frauen höre ich oft, Geld bzw. Gehalt sei ihnen egal, ihnen ginge es um eine interessante Aufgabe! Oder eben der Satz „Sagen Sie mir, was ich verdienen soll." Das freut das „sparsame" Unternehmen! Ist ja auch ganz praktisch, denn dann legen Personalverantwortliche ein möglichst niedriges Gehalt fest, das spart Budget und gibt Spielraum für weitere Verhandlungen mit Männern, die eventuell höhere Forderungen stellen.

Aber ist Geld wirklich so unwichtig? Ich glaube nicht! Es geht hier um Erwerbsarbeit und nicht um ehrenamtliche Tätigkeiten. Damit steht die Austauschbeziehung Arbeit gegen Geld im Mittelpunkt. Beim Konzept eines solidarischen Grundeinkommens ist Gehalt „nur" ein echter Hygienefaktor, hier geht es um Sinn und Erfüllung. Heute jedoch geht es um Sinn und Erfüllung UND um Geld. Letzteres sollte in Form von Entlohnung geschlechterunabhängig und für gleiche Leistungen in gleicher Höhe bezahlt werden.

Überlegen Sie sich, wozu Geld gut ist und ob Sie wirklich kein Geld möchten. Oder inwieweit Ihre Einstellungen eine Reaktion auf Genderstereotypen ist?

Wer war bei Ihren Eltern für die Investitionen der Familienersparnisse verantwortlich? Wer hat Aktien gekauft? Bankgespräche geführt? Wer hat die Finanzen verwaltet? Wer verwaltet die Finanzen in Ihrer Beziehung heute, sofern Sie in einer sind? Welche Vorteile bringt Ihnen Geld? Warum möchten Sie mehr Geld, als Sie zum Bezahlen Ihrer Rechnungen benötigen?

Geld ist Tausch- und Zahlungsmittel, Wertmesser und Recheneinheit, es macht Wirtschaftsgüter vergleichbar und es hat eine Aufbewahrungs- und Übertragungsfunktion. Damit gibt es u.a. die Möglichkeit zur Altersvorsorge und Sparmöglichkeit sowie Vererbung.

Für mich war Geld immer wichtig. Gar nicht, um es auszugeben oder mir jeden Wunsch zu erfüllen. Es war und ist mir sehr wichtig, unabhängig zu sein, frei entscheiden zu können, die Wahl zu haben. Und zwar sowohl in meinem Privat- als auch in meinem Berufsleben. Geld bedeutet Macht. Die Macht zu entscheiden und Einfluss zu nehmen. Wenn ich Geld habe, dann muss ich bestimmte Dinge nicht tun oder mich auch nicht erklären. Ich kann vielleicht irgendwann entscheiden: So, jetzt möchte ich weniger arbeiten und mich meinen Hobbys widmen. Das kann ich nur, wenn es trotzdem für die Bezahlung der Miete reicht und mein Unterhalt gesichert ist. Über die finanziellen Aspekte hinaus wollen Menschen (soziale) Anerkennung und eine der wenigen Maßeinheiten dafür ist das Gehalt. Heute kommen vielleicht noch Klicks und Likes über die Sozialen Medien hinzu.

Ich bin sehr glücklich verheiratet und mein Mann und ich haben uns für ein Drei-Konten-Modell entschieden. Er hat sein Konto, ich meins und wir haben für alles, was wir für das gemeinsame Leben benötigen, ein gemeinsames. Ich genieße es und empfinde es als selbstverständlich, mir eine Handtasche meiner Wahl von meinem Geld zu kaufen und mich nicht erklären zu müssen. Gleichzeitig finde ich es befriedigend zu sehen, was ich am Monatsende erarbeitet habe und was von meinem Gehalt übrigbleibt.

Jetzt kommt noch ein großer Unterschied zwischen Männern und Frauen: etwas mit dem Geld machen, es anlegen, investieren. Das tun Frauen und Männer gemeinhin sehr unterschiedlich. Er ist risikoaffin und legt auch mal in hochspekulativen Aktien an. Sie spart auf ihrem Konto vielleicht auf eine kleine Wohnung als Kapitalanlage. Manchmal macht sie aber auch gar nichts weiter mit ihrem Geld, als zu schauen, wie es auf ihrem Sparkonto bei der aktuellen Zinslage langsam weniger wird.

Im Augenblick entstehen gerade eine Reihe interessanter Netzwerke, Initiativen und Angebote für Frauen, die sich aktiv um ihre Finanzen kümmern möchten und auch an dieser Stelle Verantwortung für sich übernehmen wollen. Ein Beispiel für so ein Angebot ist hermoney.de.

WIE VERHANDELN FRAUEN – WIE MÄNNER – TYPISCHERWEISE UM IHR GEHALT

Frauen verhandeln oft deutlich weniger als Männer, sie nehmen zu ca. 90% das erste Angebot an, fordern deutlich weniger als Männer und starten mit genau der Forderung, die sie als Zielgehalt haben möchten in Gehaltsgespräche. Ebenfalls akzeptieren Frauen ein „Nein" deutlich eher als Männer.

Männer hingegen gehen in der Regel mit einer echten Maximalforderung in die Gespräche und verstehen das erste „Nein" nicht als Ausstieg, sondern als Einstieg in die Verhandlungen. Jetzt beginnt das Spiel!

Frauen stellen oftmals ihr Licht unter den Scheffel, verkaufen ihre Leistungen gar nicht oder unter Wert. Erst wenn sie etwas zu 150% können, dann kommunizieren sie es auch. Männer verkaufen dahingegen durchaus mal über Wert und sind von ihrer Kompetenz überzeugt, auch wenn sie nur mal ein Buch zu dem Thema gelesen haben.

Frauen haben oft keine Ahnung, wo der „Marktpreis" für ihre Tätigkeit liegt. Sie sprechen nicht mit anderen über ihr Gehalt, weder im Unternehmen noch außerhalb. Sie haben entweder kein Netzwerk, auf das sie zurückgreifen können, oder nutzen es nicht konsequent.

Männer kennen den Preis für ihre Tätigkeiten sehr genau, sie tauschen sich mit anderen Männern innerhalb oder außerhalb der Organisation aus und nutzen konsequent ihr Netzwerk.

„TYPISCH FRAU"	„TYPISCH MANN"
Frauen nutzen in Bewerbungsgesprächen und Gehaltsverhandlungen oft Weichmacher, Konjunktive, stellen ihr Licht unter den Scheffel und sagen nur, dass sie etwas können, sofern sie es tatsächlich schon zu 100 bis 150% können. Das kann sich dann so anhören:	Männer sind in der Regel sehr klar in ihren Forderungen, stellen ihre Erfolge und den Nutzen in den Vordergrund und sagen erst einmal, dass sie es können (obwohl das aktuell vielleicht noch gar nicht der Fall ist). Das kann sich dann so anhören:
„Ich bin mir nicht sicher ..." „Ich glaube, es ist so ..." „Da muss ich mich noch einarbeiten!" „Sagen Sie mir, was ich verdienen soll." „Äh, ich weiß nicht, mit der Frage, was ich verdienen will, habe ich mich noch nicht beschäftigt." „Gehalt ist mir nicht wichtig, ich möchte ein sympathisches Team."	„Das ist hervorragend, das passt zu meiner Erfahrung ..." „Sie können sich zu 1.000% auf mich verlassen, das habe ich schon einmal als XY gezeigt." „Das ist mein Steckenpferd, das habe ich mir schon immer gewünscht." „Ich bin Ihr Mann!" „Ich will XXX EUR p.a." „Mein Preis ist XXX EUR p.a."

Damit zeigen Frauen und Männer auch hier sehr genau die Eigenschaften und Verhaltensweisen, die ihnen zugeschrieben werden und nach denen sie sozialisiert werden. Leider ist das Verhalten von Frauen alles andere als zuträglich für Gehaltsverhandlungen und natürlich auch für die weitere Karriere.

Was ist zu tun?

Frauen müssen ihre Hausaufgaben machen, sich kümmern, wie alle anderen auch, sich sehr gut vorbereiten (die Pflichtübung) und gleichzeitig mit den Genderstereotypen geschickt umgehen (die Extraschleife).

KAPITEL 2

DIE GEHALTS-VERHANDLUNG

VORBEREITUNG

Es heißt, die Vorbereitung sei alles. Soweit würde ich nicht gehen, aber ohne Vorbereitung und auch Nachbereitung läuft nichts. Daher kann ich nur empfehlen, auf diesen Teil ein besonderes Augenmerk zu richten. Im Folgenden gibt es einige Übungen und Reflexionen. Es bietet sich an, diese tatsächlich für sich schriftlich durchzuführen. Nutzen Sie digitale oder analoge Notizbücher oder auch das HIRNI® des Marie von Mallwitz Verlags. Damit gewinnen Sie Klarheit für sich und können auch Entwicklungen nachvollziehen.

FRAUEN BRAUCHEN EINEN PLAN FÜR KARRIERE UND PRIVATLEBEN

Mit Karriere meine ich die berufliche Laufbahn. Das kann, muss aber nicht zwingend ein beruflicher Aufstieg sein. Damit Karriere funktionieren kann, braucht es Ziele – oder zumindest Ideen, damit Frauen ihre Kraft auf diese Ziele, diese Ideen, ausrichten können.

Karriereziele und -ideen entwickeln

Hier ist es so wie mit vielen Zielen oder Plänen. Oft kommt es anders als gedacht. Das Mindset „Zielorientierung" ist sicher zuträglicher als „Zielfokussierung". Ziele können Orientierung geben und gleichzeitig Luft und Raum für Impulse lassen, die sich auf dem Weg ergeben. Ob ich mir meine Ziele nun aufschreibe, mir ein Vision-Board erstelle oder mir ein Bild aussuche, das mehr als tausend Worte sagt. Eigentlich ist es egal. Frauen brauchen eine Vorstellung davon, wohin sie im Job möchten. Was motiviert mich? Was bedeutet Karriere für mich? Soll es eine Fachkarriere, ein Führungsjob oder Projektarbeit sein?

GOOD TO THINK ABOUT

Nicht aus allen guten Volleyballspielerinnen (Expertinnen) werden super Trainerinnen (Führungskräfte). An dieser Stelle müssen Unternehmen grundsätzlich nachlegen und gleichberechtigte und gleich entlohnte Führungs- bzw. Fach-Karrierepfade anbieten.

Kenne ich alle Alternativen – auch die, die außerhalb meines Tellerrands liegen? Was ziehe ich in Betracht, was nicht? Welche Auswirkungen hat das auf mein Privatleben? Möchte ich möglichst viel Freizeit fürs private Reisen oder für Familie und Kinder? Das Ganze in Festanstellung oder doch lieber als Freiberuflerin?

Im Folgenden finden Sie einige Fragen zu vier Themengebieten. Nehmen Sie sich doch einmal etwas Zeit – Zeit für sich – und gehen die Fragen durch. Notieren Sie sich Ihre Antworten, Stichworte reichen, Bilder unterstützen Sie! Die Antworten sind ausschließlich für Sie persönlich gedacht, legen Sie keinen Wert auf ausgeklügelte Formulierungen. Werden Sie sich durch Ihre Überlegungen etwas bewusster, wo Sie stehen, was Sie wollen oder auch worüber Sie noch nicht nachgedacht haben.

Und dann: Vielleicht kennen Sie eine gute Freundin, eine erfolgreiche Frau, eine Frau, die anders ist als Sie und mit der Sie die Fragen und Ihre Antworten diskutieren können. Das Fundament für Ihre Gehalts- und Karrieregespräche wird mit jedem Gespräch fester. Es trägt Ihr weiteres Vorgehen.

MEINE VORSTELLUNGEN UND ZIELE FÜR KARRIERE UND PRIVATLEBEN

1. Allgemeine Überlegungen zur Karriere

- Was ist Ihre Idee eines erfüllten Berufslebens? Worauf möchten Sie hinarbeiten?
- Sie können von „hinten" anfangen und sich fragen: Worauf möchte ich am Ende meines Berufslebens, meiner Karriere zurückblicken?
- Was soll in meiner Abschiedsrede zu meinem Renteneintritt auf jeden Fall über mich, mein Wirken und meine Karriere gesagt werden?
- Was soll sich durch mich in den Unternehmen / Organisationen, in denen ich arbeiten möchte, verändert haben?

2. Kurzfristige Karriereziele

- Welche Aufgaben und Verantwortlichkeiten möchte ich in zwei Jahren übernommen haben?
- Wie soll das Verhältnis Berufs- zu Privatleben aussehen?
- Welche Weiterbildungen möchte ich in den nächsten zwei Jahren gemacht haben und wozu?

3. Karriere und Partnerschaft

Aufgrund der beschriebenen Genderstereotypen und ihrer Auswirkungen verhandeln Frauen aber eben nicht nur ihre Karriere, sondern auch oft gleich ihre private Situation mit.

- Wenn ich X im Job möchte, welche Auswirkungen hat das auf mein Privatleben?
- Welcher Partner mit welchen Einstellungen ist für mein Ziel eine Unterstützung?
- Welche Themen muss ich zunächst einmal in der Partnerschaft verhandeln?

- Wie sieht der gemeinsame Plan aus, den wir als Paar verfolgen? Wer hat welche Rolle? Wann wollen wir was machen?

4. Karriere und Kinder

Speziell wenn Kinder da sind bzw. gewünscht werden, ist es hilfreich, frühzeitig, am Anfang der Karrieren, einen gemeinsamen Plan in der Partnerschaft zu entwickeln. Wie soll es laufen, wenn sich Nachwuchs einstellt.

- Bleibt er zu Hause?
- Arbeiten Sie beide in Vollzeit und es kommt externe Unterstützung ins Haus?
- Bleiben Sie zu Hause?
- Arbeiten Sie beide in Teilzeit oder vollzeitnah?

Verhandeln Sie auch die Aufteilung der unbezahlten Haus- und Carearbeit. Sonst laufen Sie Gefahr, zusätzlich zu Ihrem bezahlten Job den Hauptanteil der unbezahlten Arbeit zu übernehmen – die zusätzliche Schicht.
Diese besteht nicht nur aus Tätigkeiten, sondern auch aus Verantwortlichkeiten (Mental Load Effect). Wer hat im Blick, dass Kinder zur Vorsorgeuntersuchung müssen, wer ist Ansprechperson für Belange des Kindergartens und wer merkt, dass der Inhalt des Turnbeutels auch mal gewaschen werden muss? Die Liste der „Winzigkeiten" ist endlos und in der Summe ein Vollzeitjob.

Mit diesen Überlegungen legen Sie die Basis für Ihre Gehalts- und auch Karriereverhandlungen im Business.

NOTES

EINSCHRÄNKENDE GLAUBENSSÄTZE ÜBERWINDEN

Wie beschrieben, kommen wir Frauen mit vielen einschränkenden Glaubenssätzen im Business an. Sei fleißig wie ein Bienchen, sei brav wie ein Kaninchen ... Geld stinkt; über Geld spricht man nicht; nur wenn ich perfekt bin, bin ich gut, ich darf nicht erfolgreicher als mein Mann sein! Ihnen werden sicherlich noch einige mehr einfallen. Wichtig für die Gehaltsverhandlung ist, diese schwächenden Sätze idealerweise loszulassen oder zumindest stärkend umzuformulieren. Denn auch die mentale Vorbereitung ist zentral.

Heute einschränkende Glaubenssätze hatten in der Regel in der Vergangenheit ihren Sinn und waren in irgendeiner Form nützlich. Vielleicht hat in der Schule der Satz „sei fleißig wie ein Bienchen, brav wie ein Kaninchen" Vorteile gebracht. Viel lernen, folgsam sein, keine Widerworte geben war wahrscheinlich mit guten Noten gekrönt. Im Job haben sich allerdings die Spielregeln geändert und der Satz schränkt ein. Das Gehalt ist zu niedrig für die Position und andere werden gesehen und befördert.

GLAUBENSSÄTZE UND IHRE STÄRKE NUTZEN:

Ihr Glaubenssatz-Favorit:

Einschränkender Satz, z.B. „Sei fleißig wie ein Bienchen, brav wie ein Kaninchen."

Wissen Sie es noch? Wer hat Ihnen diesen Satz vermittelt, empfohlen, befohlen, untergeschoben, vorgelebt ...?

Eltern? Freundeskreis? Lehrkräfte? Ausbildungsverantwortliche?

Wann war der einschränkende Satz wofür gut?

Anerkennung des Nutzens und zeitliche Einordung, z.B. „In der Schule hatte ich deshalb gute Noten und war bei den Lehrkräften ‚unter dem Radar' und hatte meine Ruhe."

Wann und worin schränkt er mich ein / hindert er mich heute?

Einschränkung beschreiben, z.B. „Wenn ich heute im Job arbeite bis zum Umfallen, super Leistungen erbringe, diese aber nicht kommuniziere, dann werden andere anstatt meiner befördert. Das stinkt mir."

Aus Muss KANN machen:

Sie entscheiden, wann der Satz hilfreich ist und wann nicht, z.B. „Wenn ich will, KANN ich richtig reinhauen, fleißig und angepasst sein."

Auf die Situation stärkend anpassen, umformulieren, „neu-erfinden":

Welcher Satz wäre stattdessen in der aktuellen beruflichen Situation hilfreich, etwa für Gehaltsgespräche?
Z.B. „Ich weiß, was ich kann, erbringe sehr gute Leistungen und entscheide mich, es höflich, klar und exakt zu adressieren." Oder: „Schnell wie eine Schlange, hart wie eine Zange." Oder: „Yes, I can!"

Das ist eine erste kleine Hilfe. Zur Bearbeitung von Glaubenssätzen hilft es, sich mit Vertrauenspersonen auszutauschen oder mit einem Coach zu arbeiten. Einige Sätze können durchaus sehr hartnäckig sein und brauchen etwas mehr Zeit, Geduld, Aufmerksamkeit und manchmal Anerkennung ihres damaligen Nutzens, bis sie sich verändern.

OFT HEMMENDE GLAUBENSSÄTZE	OFT FÖRDERNDE GLAUBENSSÄTZE
Geld verdirbt den Charakter.	Diamonds are the girls best friends.
Ohne Fleiß kein Preis.	Geld ist geprägte Freiheit.
Du darfst nicht erfolgreich sein.	Geld allein macht nicht glücklich, aber das Leben leichter.
Geben ist seliger denn Nehmen.	Je mehr Vergnügen du an deiner Arbeit hast, umso besser wird sie bezahlt.

Frauen müssen lernen, nicht immer geliebt werden zu wollen.

ALICE SCHWARZER

NOTES

Fleiß hat einen Preis!
Wie viele Fleißbienchen-Aufgaben möchten Sie in Ihrem Berufsleben übernehmen? Wie viele strategische Aufgaben?

TYPISCH WEIBLICHE ANTREIBER UND WAS FRAUEN SICH SO ERLAUBEN

Eng mit den Glaubenssätzen sind die sogenannten „Inneren Antreiber" verbunden. Sie sind unsere „Triggerpunkte". In manchen Situationen zeigen wir Verhaltensweisen, die wir hinterher bereuen. Unser Autopilot übernimmt die Steuerung. Unbewusste Verhaltensmuster, verinnerlichte Regeln und innere Antreiber versetzen unser Denken, Fühlen und Verhalten in einen Automatismus. Das Konzept der inneren Antreiber stammt aus der Transaktionsanalyse (Taibi Kahler, Reinhard Köster, Bernd Schmid, Joachim Hipp u.a.).

Meist sind diese Glaubenssätze im Kindesalter entstanden. Sie haben uns in die Lage versetzt, auf Ansprüche aus unserem Umfeld – meist Eltern – zu reagieren. Oft sind sie so tief eingebrannt, dass sie unser Verhalten noch im Erwachsenenalter steuern. Sie können im Business durchaus hilfreich sein und uns zu viel Erfolg verhelfen. Gleichzeitig können sie uns speziell in Stresssituationen durch Übertreibungen sehr schaden. Gerade am Anfang der Karriere sind Verhandlungssituationen Stresssituationen.

Wichtig ist, seine Antreiber, seine „Triggerpunkte" zu kennen, damit sie in der Verhandlungssituation oder auch auf dem Karriereweg nicht als Hindernisse auftauchen. Einige Antreiber, die ich bei Frauen in Gehaltsverhandlungs- oder Karriereverhandlungssituationen öfter sehe:

Viele Frauen haben einen starken „Mache es immer allen recht"-Antreiber. Wir sind auf Harmonie und nicht auf Auseinandersetzung gepolt. Wir können daran jetzt nichts mehr ändern, wer was wann zu uns gesagt oder in unser Poesiealbum geschrieben hat. Aber wir können daran arbeiten, auch unseren Bedürfnissen und Wünschen Raum und Ausdruck zu geben, z.B. in der Gehalts- oder Karriereverhandlung.

Das Thema **„sei immer stark"** und **„ich komme alleine zurecht"** sehe ich ebenfalls oft. Diese Frauen fragen nicht um Hilfe, weder bei ihren Kolleginnen und Kollegen noch bei Führungskräften oder in ihrem Netzwerk. Sie kämpfen sich allein durch. Darüber hinaus haben sie oft kein Netzwerk, auf das sie sich verlassen können. Denn sie separieren sich eher, als dass sie Teil eines Netzwerkes sind. Daraus folgt, sie bereiten sich nicht mit Verbündeten auf Gehaltsgespräche vor oder tauschen sich nicht zu ihren Gehältern aus.

In vielen Situationen kommt auch der Antreiber **„Sei immer perfekt"** zum Tragen. Viele Frauen denken, sie müssen quasi schon alles von dem können, was in einer Stellenausschreibung oder für eine interne vakante Position gefordert wird. Sie bewerben sich frühestens, wenn sie 90% von dem können, was da gefordert ist. Männer bewerben sich bereits mit 60% Können. Oder Frauen melden sich nicht, wenn spannende Aufgaben zu vergeben sind, weil sie glauben: „Oh nein, das kann ich noch nicht, da muss ich vorher noch eine Zertifizierung machen!" In der Zwischenzeit hat „Mann" die Aufgabe schon längst angenommen. Seine 60% nutzt er für den Start, lernt den Rest „on the way", erfragt ihn oder lässt ihn andere machen. Und die Zertifizierung lässt „Mann" sich im ersten Karrierejahr vom Unternehmen bezahlen.

Auch in Bewerbungs- oder Gehaltsgesprächen sehe ich es immer wieder. Selbst wenn Frauen einen echten Erfolg vorzuweisen haben, dann kann man fast darauf wetten, dass im dritten oder vierten Satz dieser wieder „zerstört" wird: „Ja, es war gut, aber noch nicht gut genug!", „Wenn ich das oder jenes gemacht hätte, wäre es noch besser gewesen!" In Gehaltsgesprächen trauen sie sich dann manchmal auch nicht, ein hohes Gehalt zu fordern – oder bei dieser Forderung zu bleiben –, es hätte ja besser sein können …

Alle Antreiber haben ihre Berechtigung und haben uns zu dem gemacht, was wir sind. Ohne sie wären wir nicht so weit gekommen. Sie sind zu etwas gut. Jetzt gilt es, zu überdenken, in welchen Situationen sie hilfreich für mich sind und in welchen ich daran arbeiten sollte, mir mehr zu erlauben.

NOTES

Meine Antreiber und was ich mir erlaube:
Neben Sie sich noch einmal etwas Zeit für sich. Lesen Sie die nachstehende Tabelle aufmerksam durch und überlegen Sie: Welcher Typ sind Sie? Welchen Antreiber haben Sie und wie können Sie dafür sorgen, dass er Ihnen künftig nicht mehr so im Weg steht? Welchen Erlaubnissatz brauchen Sie? Notieren Sie ihn!

ANTREIBER	TYP	POSITIVE EIGENSCHAFTEN
Mache es immer allen recht!	„die gute Seele"	Freundlich, liebenswürdig, mitfühlend
Sei immer stark!	Kämpferin	Einfluss nehmend, stark, unabhängig
Sei immer perfekt!	Perfektionistin	Korrekt, genau, fehlerfreies Arbeiten
Beeile dich immer!	Hektikerin	Schnell, effizient, zielbewusst
Strenge dich immer an!	Selbstausbeuterin	Beharrlich, durchhaltend, gründlich, ausdauernd

Wie viel Harmonie / Kontrolle / Perfektion / Schnelligkeit / Ausdauer brauchen Sie?

BEDÜRFNIS DAHINTER	ERLAUBNIS
Von allen gemocht und wertgeschätzt werden	Ich darf auch meine eigenen Bedürfnisse ernst nehmen! Nicht alle müssen mich mögen, ich mag ja auch nicht alle. Wer Ja sagt, kann auch Nein sagen!
Allein zurechtkommen, alles unter Kontrolle halten, keine Schwäche zeigen	Ich darf offen sein und mich (und meine Gefühle) zeigen. Ich kann um Hilfe bitten, ohne mein Gesicht zu verlieren.
Vollkommenes leisten	Ich darf Fehler machen und aus ihnen lernen. Auch 80% sind ok, das ist in vielen Fällen gut genug.
Schnell am Ziel sein	Ich darf mir Zeit nehmen und Pausen machen. In der Ruhe liegt die Kraft!
Nie aufgeben	Ich darf auch Spaß bei der Arbeit haben. Auch wenn etwas leicht geht, ist es wertvoll.

Wie viel ist für Sie persönlich Ihre Gesundheit, Ihre Karriere und Ihr Gehalt förderlich?

WAS HAT FRAU ZU BIETEN? UND WER SOLLTE ES WISSEN?

Bevor ich etwas verkaufen kann, muss ich das Produkt kennen, seine Vorteile benennen können und auch selbst davon überzeugt sein. Denn wenn ich es nicht bin, wie sollen es meine Gegenüber dann werden?

Also überlegen Sie sich doch einmal: Was sind Ihre Stärken, Kompetenzen, Fähigkeiten und Fertigkeiten, was macht Sie einmalig? Was haben Sie zu bieten? Ich kann mir gut vorstellen, wie die eine oder andere sich nun vor dem Buch windet und sagt: „Nee, bitte nicht! Das mag ich nicht! Ich halte keine Lobreden auf mich!“ Dann sollten Sie am besten zum vorherigen Kapitel zurückblättern, um noch ein paar Glaubenssätze zu bearbeiten und Antreiber zu entdecken. Allerdings sind Sie bei der Extraschleife wahrscheinlich nicht allein. Es zeigt sich, dass es für viele Frauen eine neue und ungewohnte Erfahrung ist, über ihre Stärken nachzudenken, sich ihre Kompetenzen und Fähigkeiten explizit bewusst zu machen und das auch noch auf intensive Art und Weise.

Wenn Sie sagen: „Ja, wenn ich mich selbst lobe, dann mache ich oft schlechte Erfahrungen! Irgendwie wird mein Umfeld dann sauer.“, kann das sein. Männer können wunderbar von sich und ihren Kompetenzen schwärmen, für sich werben. Wir Frauen müssen uns da etwas einfallen lassen. Wie wir dieses Phänomen umgehen können, beschreibe ich unter: Dilemma-Killer.

Nichtsdestoweniger müssen wir unsere Hausaufgaben machen und klar benennen können, was wir an Leistungen erbracht haben und welche Kompetenzen und Stärken wir haben. Was zahlt alles auf Ihr Angebot ein? Nehmen Sie sich eine halbe Stunde bis Stunde Zeit und überlegen Sie wirklich bis ins Detail, worin genau Ihre Stärken liegen, was Sie alles mitbringen.

Notieren Sie diese z.B. in einer Mind Map und visualisieren Sie so, was Sie alles bereits zu bieten haben.

NOTES

Mein persönliches Angebot, das bringe ich alles mit:

Qualifikationen:

Abschlüsse jeglicher Art, Schule, Ausbildung, Hochschule, Universität, ...

Erfahrungen:

X Jahre in Position, Branche, Aufgabengebiet, Führungsverantwortung, ...
Das alles können Sie in der Regel aus Ihrem Lebenslauf herausschreiben und zusammenfassen. Fünf bis sechs Sätze ergeben Ihre persönliche Management Summary.

Fachliche, methodische, soziale und persönliche Kompetenzen:

Fachlich: Was und wieviel kann ich? Was ist mein fachliches Know-how?
Methodisch: Wie mache ich es? Welche Methoden kann ich anwenden? Moderationsfähigkeit, Design Thinking Methode, ...
Sozial: Wie gehe ich mit anderen um? Team- oder Kontaktfähigkeit, ...
Persönlich: Wie gehe ich mit mir um? Belastbarkeit, Selbstbewusstsein, ...

NOTES

Z.B. Mein Angebot:

- Duale Ausbildung
- Geprüfte xxx-kauffrau
- Universität vs. Berufsakademie vs. Ausbildung
- Abschluss-Level – Master oder Bachelor
- Abschlussnote
- Praktika
- Spezielle Erfolge und Projekte
- Fachliche Kompetenzen
- Methodische Kompetenzen
- Sprachkenntnisse
- Auslandsaufenthalte
- Zusatzqualifikationen
- Schnelle Verfügbarkeit
- Leistungsbereitschaft
- ...
- ...

Wenn Sie schon erfahren sind, können Sie folgende Aspekte ergänzen:

- Berufserfahrung in einer Branche / Tätigkeitsbereich
- Führungserfahrung, Führungsspanne
- Expertenwissen in einem bestimmten Bereich
- Ihre Leistungen im letzten Jahr
- Mitarbeit in Verbänden oder Ehrenämtern
- ...
- ...

Mein USP – Unique Selling Point

Damit Ihr Angebot einmalig wird, brauchen Sie ein Bewusstsein für Ihre Einmaligkeit, Ihren USP. Das, was nur Sie in dieser Form und Kombination können. Das ist etwas, an dem Sie immer weiter und immer wieder arbeiten können. Zum einen verändert sich der USP über die Jahre und zum anderen werden immer andere Facetten sichtbar werden.

NOTES

Mein persönlicher USP?

Fragen Sie sich:

- Was kann ich besonders gut?
- Worin bin ich besser als andere?
- Wann und weshalb gehen Leute auf mich zu? Wann werde ich um Hilfe gebeten?
- Was mag ich besonders, wann vergesse ich die Zeit?

Sie können sich auch schon einmal fragen: Was von dem, was ich besonders gut kann, wofür ich brenne (eine einmalige Kombination verschiedener Fähigkeiten, Eigenschaften) ist für ein Unternehmen / eine Organisation so attraktiv, dass sie am besten gar nicht auf mich verzichten wollen?

Sie können auch zwei oder drei vertrauten Menschen die gleichen Fragen über Sie stellen. Bitten Sie sie darum, Ihnen die Antworten aufzuschreiben oder notieren Sie sie im Gespräch. Sicherlich wird Ihnen einiges bekannt vorkommen, gleichzeitig werden Sie auch Neues entdecken. Oft sehen wir das, was uns als selbstverständlich erscheint, weil es uns gar keine Mühe macht, gar nicht als wertvolle Kompetenz an. Gerade diese können Sie sich durch Gespräche mit anderen bewusst machen.

Alternativ können Sie sich drei Ihrer Erfolgsgeschichten aus dem Business- und / oder Privatleben vornehmen, sie aufschreiben, nebeneinanderlegen und analysieren: Was hat Sie erfolgreich gemacht, auf welche Stärken können Sie sich verlassen, wann waren Sie im Flow? Sie können sich einfach ein paar Notizen machen oder auch hier vorgefertigte Bücher nutzen wie z.B. „Mein Erfolgstagebuch" von Claudia Härtl-Kasulke.

In meinen Trainings zeigt sich immer wieder, dass Frauen super erstaunt sind über das, was sie alles mitbringen und auf welche großartigen Ressourcen sie zurückgreifen können. Oft sagen sie: „Ich weiß eher, was ich nicht kann und was ich noch lernen muss." Oder: „So habe ich darüber noch nie nachgedacht und es schon gar nicht aufgeschrieben oder ausgesprochen." Einige vergessen auch einfach wichtige Erfolge und Kompetenzen, diese fallen ihnen dann oft am Ende des Trainings noch ein oder wenn sie die Auflistungen der anderen Teilnehmerinnen sehen. Was haben Sie vergessen?

Jetzt kennen Sie Ihren USP und können ihn benennen. Sehr unterstützend ist es, den USP laut auszusprechen. Das hat eine tiefergehende Wirkung, als ihn nur aufzuschreiben. Sie können das gut mit Vertrauten oder Coaches üben.

Elevator Pitch

Damit Sie in allen Situationen auf Ihre Karriereziele, Ihr Angebot und Ihren USP zurückgreifen können, kreieren Sie Ihren individuellen Elevator Pitch. Mit ihm können Sie in 60 Sekunden, sinngemäß während einer Fahrt im Aufzug, allen Personen erläutern, wer Sie sind, was Sie können und wie Ihre Pläne sind. Manchmal ist es am Anfang nicht ganz einfach, die richtigen Worte und Reihenfolge zu finden. Um Ihren passenden Pitch zu finden, können Sie zunächst verschiedene Varianten ausprobieren, sie auf sich und andere wirken lassen, um sich so langsam zu nähern. Meist wird es immer einfacher und bringt immer mehr Spaß! Notieren Sie sich Ihren Pitch am Ende.

Zielgruppe definieren und sichtbar werden

Das eine ist, dass Sie Ihren Elevator Pitch kennen. Das andere ist, dass die Personen ihn kennen, die für Sie und Ihr Gehalt, für Ihre Karriere entscheidend sind. Ein gerütteltes Maß an Selbstmarketing und damit Sichtbarkeit ist gefragt. Gerade wenn Sie in einem Unternehmen sind, geht es auch darum, die Leistungen, die Sie erbringen, sichtbar und erkennbar zu machen. Sie können Erfolgstagebücher schreiben, die Sie zum Zeitpunkt Ihres Gehaltsgesprächs hervorholen. Sie können auch Feedbacks zu Ihren Leistungen und Ihrem Engagement sammeln. Vielleicht bekommen Sie sie per Mail, dann schieben Sie sie in Ihren hierfür erstellten Ordner „Feedback" oder Sie machen sich ein Gedankenprotokoll zu einem geführten Gespräch.

Wenn es darum geht, sichtbar zu werden und auf sich aufmerksam zu machen, dann habe ich oft Sätze gehört wie: „Auf keinen Fall, ich will mich nicht so aufblasen! Ich finde diese Typen furchtbar! Diese Dampfplauderer! Große Klappe, nichts dahinter! Ich mache lieber einen super Job!" Ja, ganz richtig, trotzdem gibt es irgendetwas zwischen schwarz und weiß.

Die Arbeit mit dem Wertequadrat führt Sie zu dem Guten hinter der Übertreibung. Zeichnen Sie vier Kästchen, so, wie Sie sie unten sehen.

Nehmen Sie die beiden Gegensätze und schreiben Sie sie in die unteren Kästchen. Sie sind die Übertreibung der Ausprägung.

Jetzt können Sie in das jeweilige Kästchen darüber das schreiben, was das Gute darin ist.

Das Kästchen oben auf der anderen Seite Ihrer Ausprägung ist Ihr jeweiliges Entwicklungsfeld. Als „Bescheidenheit ist eine Zier"-Kandidatin müssen Sie nicht zum „Dampfplauderer" werden, sondern Sie können das Gute dahinter nehmen und mit gesundem Selbstmarketing dafür sorgen, mehr gesehen zu werden.

Wenn Sie weiter und tiefer in das Thema Selbst PR einsteigen möchten, dann empfehle ich das Buch „Selbst PR" von Daniela Heggmaier.

REALISTISCHE GEHALTSFORDERUNG – ÜBER GELD SPRICHT „MANN" DOCH – UND „FRAU" AUCH

Was ist mein Angebot nun in Euro wert? Ist die Frage unangenehm? Sie fragen sich vielleicht: „Wieso soll ich mir ein Preisschild anhängen?" Vielleicht denken Sie auch: „So etwas finde ich unseriös!" Ungewohnt ist es oft. Wenn ich allerdings mein Gehalt verhandeln will, muss ich erst einmal wissen, welchen Wert ich persönlich meinem Angebot zuschreibe. Es fällt Menschen grundsätzlich schwer und Frauen oft besonders, wenn sie ihrem Angebot einen Wert zuschreiben sollen. Sie müssen sich nicht in Geld aufwiegen, gleichzeitig brauchen Sie persönlich eine Idee, wie Ihre Ziele in Bezug auf Geld aussehen. Lassen Sie sich für die Gehaltsverhandlungssituation einmal kurz darauf ein.

Das persönliche Angebot, das sie mitbringen, gilt es nun, mit dem Marktwert abzugleichen und nach oben oder unten anzupassen. Denn für das Gespräch brauchen Sie eine Zahl – oder besser: mehrere!

Die Frage nach DER Zahl ist wohl auch die häufigste Frage in meinen Trainings und Coachings. Leider gibt es nicht DEN Gehaltshöhe-Generator, der immer die „richtige" Gehaltshöhe ausspuckt. Denn das gleiche Angebot kann in unterschiedlichen Kontexten einen unterschiedlichen Wert haben. Damit hat die

Zahl etwas mit Ihnen zu tun, aber auch mit dem Kontext, in dem Sie arbeiten. Was es aber gibt, sind viele Quellen, die Ihnen helfen, passende Zahlen für Ihre Situation zu finden.

Wie kommen Sie zu einer realistischen Gehaltsforderung? Ihr Angebot bildet die Basis für die Überlegungen. Dann folgt informieren, recherchieren, fragen und entscheiden.

Basisarbeit

Es helfen unterschiedlichste Websites, Reports und Statistiken. Ein Überblick ohne Anspruch auf Vollständigkeit:
statista.de, gehalt.de, glassdoor.de, gehaltsvergleich.de, nettolohn.de, stepstone.de, absolventa.de, karriere.de, experteer.de, u.v.m.

Eine Idee lässt sich auch bei der Agentur für Arbeit, bei Verbänden oder bei Gewerkschaften und ihren Tarifen generieren. So hilfreich und wichtig die Recherche bis dahin ist, so abstrakt und theoretisch bleibt sie.

DIMENSION	BEISPIELE	AUSWIRKUNG
Branche	Textilindustrie vs. Consulting	Durch unterschiedliche Gewinnmargen u.ä. kommt es zu unterschiedlichen Gehaltsniveaus; in der Textilbranche z.B. wird traditionell weniger als in der Unternehmensberatung bezahlt.
Standort	Strukturschwaches Gebiet vs. Ballungsraum	Im Osten Deutschlands herrscht immer noch ein niedrigeres Lohnniveau als im Westen Deutschlands. Manchmal dreht es sich allerdings auch um und Sie können einen Standortbonus verhandeln, damit Sie überhaupt ins „Nirgendwo“ kommen.

DIMENSION	BEISPIELE	AUSWIRKUNG
Unterneh-mensgröße	Mittelstand vs. Großunternehmen	Meist zahlen Großunternehmen höhere Gehälter als mittelständische. Mittelständische Unternehmen punkten oft mit weiteren Benefits, siehe nächstes Kapitel
Wirtschaftliche Lage	Schwarze Null vs. Allzeithoch als Ergebnis	Ob das potenzielle Unternehmen an den roten Zahlen vorbeirutscht oder gerade als Champion gehandelt wird, wird sich im Gehaltsgefüge widerspiegeln und beeinflusst Ihren Verhandlungsspielraum.
Marktposition	Start-up vs. Weltmarktführer	Start-ups zahlen in der Regel niedrige Fixgehälter. Hier geht es oft über eine Gewinnbeteiligung und eine Wette auf die Zukunft. Wichtig ist, daran tatsächlich beteiligt zu sein, sonst gewinnen nur andere.
Funktion	Personal vs. Finanzen	Es gibt Funktionen, in denen „historisch gewachsen“ mehr verdient wird wie z.B. im Finanzbereich, in der Forschung und Entwicklung oder im Vertrieb – im Gegensatz zu anderen Bereichen wie Personal oder Unternehmenskommunikation.

Persönliches Netzwerk – Königsklasse und „Mann" spricht doch über Geld

Die Königsklasse der Informationsgewinnung ist und bleibt das persönliche Netzwerk. Fragen Sie Freunde, Freundinnen und Bekannte, ehemalige Kollegen und Kolleginnen, die in der Branche bzw. Funktion arbeiten, für die Sie sich interessieren. Durch deren Antworten werden die Zahlen noch aussagekräftiger und bekommen einen Praxisbezug. Je vertrauensvoller der Kontakt ist, desto direkter können Sie nach der Gehaltshöhe fragen. Ansonsten können Sie sich nach üblichen „Hausnummern" für die Gehaltshöhe oder nach Gehaltsspannen erkundigen. Das ist oft einfacher zu benennen, als eine konkrete oder gar eigene Gehaltshöhe.

Soziale Netzwerke sind ebenfalls eine hervorragende Quelle. Fragen Sie Leute über XING oder LinkedIn, die in dem Unternehmen Ihrer Wahl arbeiten. Führen Sie ein Informationsgespräch. Natürlich nicht nur über das Gehalt, aber eben auch darüber. Fragen Sie, wie es ist, dort zu arbeiten. Was gefällt? Was ist besonders attraktiv? Was würden die Personen ändern, wenn sie es könnten? In welchem Bereichen bewegen sich die Gehälter? Versuchen Sie es einzugrenzen, um eine grobe Einschätzung zu erhalten. Bezahlen Sie überdurchschnittlich oder tariflich? Das gleiche lässt sich im Übrigen auch innerhalb von Unternehmen sehr gut machen. Fragen Sie Personen aus den für Sie interessanten Bereichen, ob sie einmal Zeit für einen Lunch hätten. Sie wären neugierig und dabei zu überlegen, ob die Abteilung etwas für Sie ist. In vielen Unternehmen ist es Kultur, sich über diesen informellen Weg Informationen zur nächsten Joboption zu beschaffen.

Meine Erfahrung zeigt: Männer sprechen durchaus offen über ihre Gehälter. Vielleicht liegt es daran, dass „Mann" sich daran so exzellent messen kann? Die meisten meiner Kollegen haben daraus keinen Hehl gemacht, dass sie sich über ihre Gehälter unterhalten. Frauen habe ich dabei zurückhaltender erlebt. Probieren geht in diesem Fall über Studieren. Probieren Sie es aus. Fangen Sie bei Ihren vertrauten Kolleginnen an. Scheuen Sie sich nicht, selbst Auskunft zu geben, wenn unerfahrenere Frauen bei Ihnen irgendwann anfragen. Denn selbst, wenn Sie herausfinden, dass es noch Luft nach oben gibt, dann haben Sie wenigstens eine gute Informationsbasis.

Die Erkundigungen, die Sie einholen, sind Gold bzw. Geld wert. Nur wenn ich weiß, wie viel in einem Job gezahlt wird, kann ich mein Angebot dazu in Bezug bringen, argumentieren, mich nicht ins Bockshorn jagen lassen und mich positionieren.

Entgelttransparenz-Gesetz

Falls Sie in einem Unternehmen mit mehr als 200 Mitarbeitenden arbeiten und mindestens sechs Personen des anderen Geschlechts eine gleiche oder ähnliche Tätigkeit ausüben, dann können Sie aufgrund des Entgelttransparenz-Gesetzes eine Auskunft zu dem Median des Bruttomonatsentgelts und bis zu zwei weiteren Entgeltbestandteilen einholen.

Allerdings ist der Weg dorthin in vielen Unternehmen ein steiniger. Dass es diese Möglichkeit überhaupt gibt, wird oft eher verschleiert als transparent gemacht, die Kontaktpersonen sind oft nicht klar angegeben. D.h. Frauen müssen sich durch die Organisation fragen und haben mit negativen Konsequenzen zu rechnen. Gerade, wenn sie bescheinigt bekommen: „Ja, da gibt es Ungleichheiten" und sie ihr Recht erstreiten muss.

Personalberatungen

Durchaus hilfreich können Kontakte zu Personalberatungen sein. Vielleicht werden Sie angesprochen. Führen Sie auf jeden Fall immer mal wieder Gespräche. Zum einen bleiben Sie fit in der Interviewführung und zum anderen erhalten Sie einen Markteinblick, warum man Sie interessant findet und welche Gehälter bezahlt werden. Natürlich sollten Sie diese Option nicht überstrapazieren. Mit Personalberatungen sprechen Sie offen über Gehälter. Sie gehören genauso zum Job wie die Aufgaben. Hier ist das Thema Gehalt in der Regel kein Tabu. Anglo-amerikanische Personalberatungen haben auch durchaus mal die Gehaltsbänder auf Anzeigen veröffentlicht – im Übrigen auch eine schöne Quelle für Informationen zur Gehaltshöhe. Auf der anderen Seite werden von Personalberatungen manchmal sogenannte Gehaltreports herausgegeben, die sehr hohe Gehälter suggerieren, damit potenzielle Kandidaten und Kandidatinnen wechselbereiter sind. Aus diesem Grund sind diese Reports lieber mit Vorsicht und kritischem Blick zu genießen.

Bauen Sie ein Netzwerk zu Personalberatungen auf, die für Ihre Karriereziele interessant und dienlich sein können.

Interviews führen

Das gleiche, was für Gespräche mit Personalberatungen gilt, gilt auch für Gespräche mit Unternehmen. Auch hier sollten Sie ein Grundinteresse haben und den Spaß nicht zu weit treiben. Telefonat und erstes Gespräch kann man zur Orientierung durchaus führen. Alles Weitere wirklich nur, wenn Sie weiterführendes Interesse haben. Auf jeden Fall bekommen Sie auch hier einen Eindruck von Ihrem Marktwert und können ggf. konkrete Gehaltszahlen eruieren. Vielleicht ergibt sich daraus auch für den nächsten Wechsel zu einem anderen Zeitpunkt ein guter Kontakt in ein interessantes Unternehmen hinein.

Mit all den Informationsquellen erhalten Sie eine Idee der Spanne, in der Ihr Gehalt liegen könnte.

Entwicklung Ihrer Minimal- bzw. Maximalforderung

Das eine ist die Spanne, die Sie recherchiert haben und das andere ist, diese für sich zu personalisieren. Was brauchen Sie, um Ihre Kosten zu decken? Das ist das Minimum des Minimums. Viele sind glücklicherweise in der Situation, dass sie mehr Geld als dieses Minimum erhalten und verhandeln können. Bringen Sie die Daten aus Ihrer Online- und Offlinerecherche mit Ihren persönlichen Überlegungen zusammen und entwickeln Sie Ihren persönlichen Gehaltszielkorridor.

NOTES

Mein persönlicher Gehaltszielkorridor:

Fragen zu Ihrer Minimalforderung:

- Was ist mein Minimum?
- Was ist mein Minimum, um ein einigermaßen ordentliches und selbstbestimmtes (nicht mehr studentisches oder Azubi-mäßiges) Leben zu führen?
- Wofür stehe ich morgens auf?
- Was brauche ich, damit ich motiviert bin, mich zu bewegen?

Fragen zu Ihrer Zielforderung:

- Was glauben Sie, ist realistisch?
- Welches Gehalt, glauben Sie, ist realistisch in diesem Markt und der Firma zu erzielen?
- Was wäre eine für Sie faire Gehaltshöhe?

Fragen zu Ihrer Maximalforderung

- Was wäre ein super Gehalt?
- Was wäre ihr Traumgehalt?
- Was würde ein super selbstbewusster Mann fordern?

Sie können auch die gefundenen drei Zahlen auf einzelne Karten schreiben. Die Karten können Sie auf den Boden vor sich legen. Treten Sie nacheinander auf die einzelnen Karten. Spüren Sie nach. Wie fühlt es sich an, für x EUR diesen Job zu machen? Dann gehen Sie auf die nächste Karte. Wie fühlt es sich an für x + x EUR den Job zu machen? Damit finden Sie Ihren persönlichen Korridor.

Bei den Minimumkosten geht es um Ihre Fixkosten: Miete, Strom, Wasser, Lebensmittel etc., aber auch Rücklagen für eine Altersvorsorge. Ich kenne Freiberuflerinnen, die für einen Mini-Tagessatz arbeiten und bei dessen Berechnung schlicht und einfach ihre Altersvorsorge nicht berücksichtigt haben.

Auf jeden Fall einen Puffer einplanen

Da wir Frauen dazu tendieren, uns unter und nicht wie Männer über Wert zu verkaufen und oft mit unserem tatsächlichen Gehaltswunsch ins Gespräch gehen, landen wir oft unter dem, was eigentlich machbar wäre und unser Ziel war. Schlagen Sie daher auf jeden Fall 10% und je nach Selbstbewusstsein auch 20% auf Ihre „realistische Zahl" auf. Damit sollten Sie einen guten Verhandlungspuffer für ein Gespräch haben und sich gleichzeitig nicht durch eine zu hohe Forderung rauspreisen. Siehe Notiz auf der nächsten Seite.

Jetzt braucht es noch einen Satz, in den die Zahl gepackt wird. Hier entbrennt meist eine heiße Diskussion in meinen Coachings und Trainings. „Soll ich nun eine Spanne oder eine Zahl sagen?" Die einen meinen so, die anderen so. Meine Empfehlung ist: Je weiter Sie vom Vertrag entfernt sind und je weniger Informationen Sie zum Job haben, desto eher geben Sie eine Spanne an. D.h. werden Sie in einem ersten Kontakt z.B. in Ihrem Anschreiben oder in einem Telefoninterview nach Ihrer Gehaltsvorstellung gefragt, geben Sie eine Spanne an. Gerne mit dem Hinweis: „Meine Gehaltsvorstellung liegt im Rahmen von x bis y EUR. Ich freue mich, in einem persönlichen Gespräch sowohl Konkreteres zur Position, den Rahmenbedingungen als auch zur Gehaltsvorstellung mit Ihnen zu besprechen." Sind Sie im letzten Gespräch bevor der Vertrag aufgesetzt wird, dann werden Sie entweder noch einmal gefragt oder Sie sprechen das Gehalt noch einmal an. „Zum Einstieg habe ich Ihnen eine Gehaltsspanne angegeben. Jetzt haben wir uns kennengelernt und weiterführende Informationen erhalten. Mit diesen Erkenntnissen ist meine Gehaltsvorstellung nun X EUR. Wie ist Ihre Einschätzung?"

Ähnlich lässt sich bei internen Stellenwechseln vorgehen. Da wird es auch vom ersten Kontakt ab immer konkreter werden. Es lässt sich mit einer Spanne starten – sofern man überhaupt direkt gefragt wird – und endet mit einer konkreten Zahl.

NOTES

Meine persönliche Gehaltsforderung:

Meine Top-Online-Quellen

Meine persönlichen Top-Quellen

Meine persönlichen Quellen, die ich in Zukunft ansprechen möchte

---

Personalberatungen, die für mich und meine Karriereziele interessant sein könnten

---

Minimalforderung: Dafür fange ich an, morgens aufzustehen

____________________ EUR im Monat / im Jahr. + x%

Zielforderung: Damit würde ich mich sehr wohl fühlen

____________________ EUR im Monat / im Jahr. + x%

Maximalforderung: Es wäre super-top, wenn ich das bekäme

____________________ EUR im Monat / im Jahr. + x%

Zzgl. x% je nachdem, wie Sie Ihr Selbstbewusstsein einschätzen, 10–20% als Verhandlungspuffer

Dann lautet meine Zahl, mit der ich ins Gespräch gehe:

____________________ **EUR im Monat / im Jahr**

Hier ein paar Beispielsätze, die Sie für sich umbauen können:

- „Meine Gehaltsvorstellungen sind XXX EUR im Monat / im Jahr."
- „Ich stelle mir XXX EUR im Monat / im Jahr vor."
- „Ich möchte bei Ihnen xxx EUR im Monat / im Jahr verdienen."
- „Ich stelle mir ein Gesamtpaket von XXX EUR im Jahr vor."
- „Mit Blick auf die Anforderungen der Stelle und meine Kompetenzen, liegt meine Vorstellung bei XXX EUR im Monat / im Jahr."
- „Auf Grund meiner dargelegten Erfahrungen und Kompetenzen halte ich xxx EUR im Monat / im Jahr für angemessen."
- „Was stellen Sie sich als Unternehmen vor?"

NOTES

Mein Satz für mein Gehaltsgespräch:

Wenn Sie mehrere Positionen bzw. Unternehmen zur Auswahl haben, dann stellen Sie diese Überlegungen für jede Position an.

BATNA

Ein zusätzlicher wichtiger Punkt ist die „beste Alternative zum Verhandlungsergebnis", kurz BATNA für englisch „Best Alternative to Negotiated Agreement". Was ist meine Alternative, wenn ich nicht erfolgreich bin? Das kann z.B. ein weiteres Angebot bei einem anderen Unternehmen oder einer Abteilung sein. Sie gibt nicht nur eine konkrete Referenz für die Zielzahlen, sondern auch eine gewisse Unabhängigkeit von dem aktuell zu verhandelnden Job. Die Unabhängigkeit gibt in den Verhandlungen in der Regel auch eine Freiheit im Kopf, die für eine entspannte Verhandlungsführung sehr von Vorteil ist.

Die Generation, die jetzt nachkommt, ist diejenige, die öfter in die Situation kommen wird, mehrere Angebote vorliegen zu haben. Der Fachkräftemangel sorgt nicht selten für eine Auswahl an Optionen. Es gilt, die beste für sich auszuwählen und zu verhandeln. Bei der Auswahl ist es hilfreich, sich nicht nur auf die reinen Zahlen zu beziehen, sondern sich auch zu fragen: „Inwieweit bringt mich dieses Angebot meinen Karrierezielen näher?"

Ich kann mir aber auch überlegen, was mir zusätzlich zum Gehalt noch wichtig ist.

ALTERNATIVE B UND BITTE FRAGEN!

Viele Frauen, gerade jüngere, fokussieren sich auf das Fixgehalt und vergessen, dass es zusätzliche Leistungen über das Fixgehalt hinaus gibt. In der ein oder anderen Form wird jedes Unternehmen eine Auswahl davon anbieten. Daher gibt es immer mehr zu verhandeln als das reine Fixgehalt.

Wichtig ist auch hier zu wissen, was es überhaupt zu verhandeln gibt. Wonach kann ich fragen? Sie können Ihre Recherche nach dem Fixgehalt um diese Komponente erweitern. Und ich empfehle immer, die Unternehmen zu fragen, welche Komponenten über das Fixgehalt hinaus geboten werden. Sowohl bei einem Gespräch für einen neuen Job als auch bei Gehaltsanpassungsgesprächen. Sie können ganz einfach die Personalabteilung nach weiteren Benefits fragen oder Sie erfragen konkrete Benefits, die für Sie interessant sind.

Informieren Sie sich auch regelmäßig in Ihrem eigenen Unternehmen, ob es neue, zusätzliche Leistungen gibt. Je nach Unternehmensgröße sind Änderungen nicht immer transparent. Fragen Sie regelmäßig nach, wenn es von Seiten der Personalabteilung keinen offiziellen Kommunikationskanal für Änderungen gibt.

An zusätzlichen Benefits gibt es eine schier unendliche Variantenvielfalt. Ein paar konkrete Zusatzleistungen mit ein paar Gedanken von mir, ohne Anspruch auf Vollständigkeit und Passung für jede Frau:

Oft wird das Fixgehalt um eine variable Komponente ergänzt. Frauen sind oft risikoaverser als Männer, was variable Gehaltsbestandteile angeht. Das Prinzip „Lieber der Spatz in der Hand als die Taube auf dem Dach" herrscht vor. Das ist grundsätzlich nicht verwerflich und jede sollte bei variablen Komponenten darauf achten, dass der eigene Einfluss auf diese groß genug ist. Nichtsdestoweniger haben variable Komponenten oft einen größeren Hebel, wenn es gut läuft. Hier können Frauen mutiger werden und somit von höheren Auszahlungen profitieren.

Beispiele für variable Gehaltsbestandteile

- Einmalige Sonderboni: Signing-Bonus bei Vertragsunterschrift, Bonus zum erfolgreichen Bestehen der Probezeit, Mitarbeitende-werben-Mitarbeitende-Bonus, erfolgreicher Projektabschluss ... Bei einem Jobwechsel sind die beiden erstgenannten eine gute Möglichkeit, um etwa die Zeit bis zur ersten Gehaltsverhandlung zu überbrücken. Fragen Sie danach oder machen Sie einen konkreten Vorschlag.
- Regelmäßige Boni: Ziel-Boni, Boni abhängig von der persönlichen Leistung, Boni abhängig von der Unternehmens- oder Abteilungsleistung.
- Aktien, Aktienoptionen: Manchmal werden Teile des Gehalts in Aktien(-Optionen) bezahlt oder Sie haben die Möglichkeit, Aktien zu einem Vorzugspreis zu erwerben. Sie persönlich werden meist nur einen bedingten Einfluss auf den Aktienkurs haben, aber je länger Sie im Unternehmen bleiben wollen, desto interessanter sind in der Regel diese Optionen. Sie werden bei keiner anderen Aktie, die Sie kaufen, so nah am Geschehen sein und wissen, wohin die Reise geht, wie bei der Aktie Ihres Unternehmens.

Mobilität

- Dienstwagen: mit oder ohne Entgeltverzicht. Bei bestimmten meist senioren oder vertrieblichen Positionen kommt ein

Dienstwagen zum Gehalt dazu. D.h. die berufliche und private Nutzung ist möglich, Tankfüllungen sowie Reparaturen sind inklusive. Sie müssen den Wert des Wagens sowie die Kilometer zwischen Ihrer Wohn- und Arbeitsstätte allerdings versteuern. Manchmal kommt ein sogenannter Entgeltverzicht hinzu. Meist ist das der Fall, wenn Unternehmen die Nutzung von Autos nicht unbedingt unterstützen wollen. Damit wird der Wagen für Sie teurer und es zu einem individuellen Rechenexempel, ob sich der Dienstwagen lohnt oder nicht. Dienstwagen werden zum Großteil immer noch von Männern gefahren, da sie oft mit Führungspositionen einhergehen. Wenn Sie also in eine Führungsposition befördert werden, fragen Sie auf jeden Fall danach. Nicht, dass das Unternehmen vergisst, Ihnen diese Komponente anzubieten, nur weil Sie eine Frau sind.

- <u>Dienstfahrrad:</u> Durchaus eine ökologische Alternative zum Wagen. Allerdings ist der steuerliche Vorteil, der sich ergibt, klein und nicht zu jedem Geschäftstermin können Sie mit dem Fahrrad fahren. Wenn allerdings die Verträge und Konditionen gut aufgesetzt sind, dann kann man sich für den privaten Gebrauch durchaus ein attraktives, verkehrstaugliches Sportgerät zusammenstellen.
- <u>Zuschuss zu bzw. Bezahlung einer Fahrkarte:</u> Einige Unternehmen zahlen die Fahrkarte für den öffentlichen Nahverkehr. Wer öffentlich zum Arbeitsplatz fährt, dem kann es eine kleine Erleichterung sein.
- <u>Bahncard:</u> Viele Unternehmen, in denen Reisen zum Geschäft gehört, bieten sogenannte Business-Bahncards an. Sie können in der Regel auch für die Buchung von privaten Fahrten eingesetzt werden und haben je nach privaten Fahrgewohnheiten einen größeren oder kleineren Vorteil (BahnBonus-Programm).
- <u>Bezahlung eines bzw. Zuschuss zu einem Umzug in eine andere Stadt:</u> Wenn Sie das Unternehmen sowie Ihren Wohnort wechseln, fragen Sie nach einer Umzugsunterstützung. Dies ist wirklich etwas, was bei vielen Unternehmen nur auf Nachfrage extra

verhandelt wird. Einige Unternehmen haben feste Beträge, die sie auszahlen. Andere zahlen die Anreise zur Wohnungssuche, unterstützen bei der Wohnungssuche o.ä. Sollten Sie beruflich veranlasst Ihren Standort beim aktuellen Unternehmen wechseln, dann sollten Sie diesen Punkt ganz besonders verhandeln. Denn dann ziehen Sie nicht aus privaten Gründen um, sondern, weil Ihr Unternehmen es so möchte. Meist werden dann auch zusätzliche Urlaubs- / Umzugstage gewährt.

- Bezahlung einer Übergangswohnung: Je nachdem, in welche Stadt Sie gehen, z.B. München, müssen Sie dort mit einem sehr angespannten Wohnungsmarkt rechnen. Es kann dauern, bis Sie überhaupt etwas finden und noch etwas länger, bis Sie etwas finden, was für Sie langfristig passt und worin Sie sich wohlfühlen. Berücksichtigen Sie das in Ihren Gesprächen und fragen Sie nach der Nutzung von Übergangswohnungen oder auch Zuschüssen für die ersten Monate, in denen Sie sich vielleicht ein möbliertes Apartment nehmen müssen, um überhaupt ein Dach über dem Kopf zu haben.

Hardware

- Laptop oder Tablet (inklusive SIM-Karte): Auch wenn Sie nicht so technikaffin und begeistert sind oder die tollste Ausstattung für Ihren Job benötigen – dieser Punkt hat einige Vorteile. Denn mit einem guten Rechner und guter Ausstattung ist die Voraussetzung für mobiles Arbeiten oder Homeoffice-Zeiten geschaffen. Haben Sie keine mobilen Geräte, müssen Sie immer ins Büro gehen.
- Mobiltelefon oder Smartphone, Vertragsart und -budget: Da Mobiltelefonie immer weniger kostet, werden die Unternehmen immer großzügiger mit dem Angebot von attraktiven Geräten sowie Verträgen. Durch Flatrates u.ä. sind sie meist auch privat nutzbar. Manchmal wird die private Nutzung aus Datenschutzgründen offiziell ausgeschlossen, in der Praxis aber geduldet.

Arbeitszeit, -ort, -menge, -verteilung:

- Überstunden – Arbeitsstunden: Werden Überstunden bezahlt oder wird ein gewisses Maß von Überstunden erwartet? Letzteres gilt es ins Fixgehalt einzupreisen. Je verantwortungsvoller die Position, desto eher werden keine Überstunden bezahlt. Mit der Überstundenfrage geht in der Regel auch die Frage einher, wie viele Stunden es überhaupt zu arbeiten gilt und ob es fixe oder variable Anfangs- bzw. Endzeiten pro Trag gibt. Es ist ein Unterschied, ob Sie immer um 8 Uhr parat stehen müssen oder ob Sie frei entscheiden können, wann Sie anfangen.
- Urlaubstage: Wie viele Urlaubstage werden überhaupt gewährt und wie ist es mit sonstigen Feiertagen? Müssen Sie für Heiligabend, Silvester oder im Rheinland für Rosenmontag einen Urlaubstag nehmen, einen halben oder gar keinen? Manche Unternehmen bieten die Möglichkeit, unbezahlten Urlaub zu nehmen. Gerade wenn Sie längere Urlaube planen, kann das sehr hilfreich sein.
- Teilzeitoptionen: Welche Optionen bietet das Unternehmen zur Flexibilisierung der Arbeitsstunden? Ist Vollzeit „name of the game" oder gibt es auch Teilzeitoptionen? Es kann, phasenweise genutzt, sehr zur eigenen Entlastung beitragen. Ich persönlich bin allerdings kein Fan von einer ausgedehnten Teilzeit aus den ab Seite 30 beschriebenen negativen Konsequenzen für uns Frauen.
- Sabbatical-Programme: Unter Umständen gibt es Sabbatical-Programme, z.B. arbeiten Sie eineinhalb Jahre mit 100% und erhalten 75% Ihres Gehalts ausbezahlt. Dann schließt ein halbes Jahr an, in dem Sie gar nicht arbeiten und weiterhin 75% Ihres Gehalts ausbezahlt bekommen.
- Homeoffice: Die Ersparnis der Fahrzeit zum Büro sowie ein konzentriertes Arbeiten von zu Hause aus kann sehr entspannend vom hektischen Büroalltag sein.

Weiterentwicklung:

- Bezahlte Fortbildungen: Gibt es definierte Karrierepfade mit entsprechenden Weiterbildungen? Oder muss jede Weiterbildung einzeln verhandelt werden? Wie sehen die Personalentwicklungsmaßnahmen aus? Je nach Ausgestaltung und Programm können solche Modelle gerne mal das Äquivalent zu mehreren Monatsgehältern bilden. Aber auch schon einige Weiterbildungstage oder fix geplante Zertifizierungen bilden einen Gegenwert. Einige Unternehmen gehen auch dazu über, keine genauen Weiterbildungsinhalte mehr zu definieren, sondern sie geben Coaching- oder Weiterbildungsbudgets. Somit können Sie individuell über Ihre Weiterbildungen entscheiden.

Sonstige zusätzliche Leistungen:

- Kinderbetreuung
- Büroausstattung und -einrichtung
- Betriebliche Altersvorsorge
- Gesundheitsförderung
- Essens-, Waren-, Tankgutscheine
- Hund mit ins Büro
- Sportstudio …

Es gibt also eine Vielzahl an Dingen, die über das Fixgehalt hinaus interessant sind. Wichtig ist, dass Sie sich klar werden: „Was ist mir eigentlich wichtig?“ „Was unterstützt mich bei meinen beruflichen und privaten Zielen?“ Vielleicht sind es eher die Weiterbildungen als die Fahrkarte für den öffentlichen Nahverkehr oder Sie sind ein Hundenarr, sodass Sie ohne Ihren liebsten Hund nirgendwo hingehen? Oder Sie wohnen mit Ihrer Familie außerhalb, in der Natur, haben eine niedrige Miete und der Weg zum Job ist weit und nur mit vielen Staus zu meistern? Dann helfen Homeoffice-Zeiten mehr als vielleicht ein Dienstwagen. Gerade wenn Sie Familie wollen oder schon haben und vielleicht doch das Gros der Familien- und Haushaltsarbeit bei Ihnen hängt, sind die flexiblen

Arbeitszeiten eine wichtige Verhandlungskomponente. Denken Sie aber auch hier über Ihren Tellerrand hinweg und besprechen Sie in der Partnerschaft, welches Unternehmen das anbietet, was Ihre gemeinsamen Pläne unterstützten kann.

Kein Unternehmen wird alles anbieten, sondern meist eine Auswahl.

NOTES

Meine Top 5 zusätzlichen Leistungen:

Was ist wirklich wichtig für mich über mein Fixgehalt hinaus? Was unterstützt mich bei meinen beruflichen und privaten Zielen?

1. ______________________________

____

2. ______________________________

____

3. ______________________________

____

4. ______________________________

____

5. ______________________________

____

DAS IST MEHR WERT – NUTZENARGUMENTE

Vor jedem Gespräch empfehle ich zu überlegen, was die Person mir gegenüber von mir und meinem Angebot wissen sollte.

- Welchen Mehrwert könnte mein Angebot / mein USP für die Person (das Unternehmen / die Organisation) gegenüber haben?
- Was könnte wichtig für das Unternehmen bzw. meine Gegenüber sein?
- Welchen Nutzen könnte mein Angebot für meine Gegenüber haben?
- Was sind die Interessen meiner Gegenüber?

Bei einem Einstieg in den Beruf könnte es so aussehen:
Sie nehmen sich das, was Sie sich als Ihr Angebot und Ihren USP herausgearbeitet haben, schauen sich die Stellenanzeige sowie Ihre Notizen aus den bisherigen Gesprächen an, überlegen sich die Dimension, in der Ihre Gegenüber einen Nutzen, also einen Mehrwert sehen und bereiten sich Sätze oder auch Stichpunkte für das Gespräch vor.

NUTZEN-DIMENSION	BERUFS-EINSTEIGERINNEN VOR DEM ERSTEN JOB	BERUFSERFAHRENE IM JOB
Erbrachte Leistungen und Ergebnisse **Ich habe einen Top-Job gemacht**	Mit meiner Dualen Ausbildung zur x-frau gehöre ich zu den Besten meines Jahrgangs. Mit diesem Know-how und Engagement werde ich bei Ihnen im Unternehmen genauso wie in der Berufsschule und im Ausbildungsbetrieb eine super Leistung erbringen.	Durch folgende Ergebnisse xy sehen Sie, ich habe die Aufgaben / Projekte hervorragend zu Ende gebracht. Das werde ich bei den zukünftigen Aufgaben / Projekten ebenfalls leisten und Sie können mich wieder sehr gut einsetzen.

NUTZEN-DIMENSION	BERUFS-EINSTEIGERINNEN VOR DEM ERSTEN JOB	BERUFSERFAHRENE IM JOB
Vorhandene Qualifikationen und Kompetenzen **Ich kann mehr!**	Mit der Position wollen Sie den technischen Bereich weiter ausbauen. Die Kompetenzen, die Sie dazu benötigen, bringe ich mit. Nämlich ... Und die stehen sofort zur Verfügung.	Bei meiner bisherigen fachlichen Führungsverantwortung habe ich sehr gute Ergebnisse mit dem Team erreicht. Diese Erfahrung kann ich nun direkt bei der disziplinarischen Führungsverantwortung einbringen und werde schneller erfolgreich sein.
Übernahme von zusätzlichen Aufgaben und / oder Verantwortung **Ich bin eine Extraschleife gelaufen!**	Ich habe durch xy gezeigt, dass ich bereit bin, mich überdurchschnittlich zu engagieren und zusätzliche Aufgaben zu übernehmen. Darauf können auch Sie sich in Ihrem Unternehmen verlassen.	Das Projekt xy war im letzten Jahr nicht geplant. Ich habe es trotzdem zusätzlich zu meinen Aufgaben übernommen. Sowohl meine eigentlichen Tätigkeiten als auch das Projekt habe ich mit einem sehr guten Ergebnis abgeschlossen.
Ressourceneinsparung **Die Firma spart Geld durch mich!**	In meinem letzten Praktikum habe ich gelernt, Prozesse zu optimieren. Diese Denkweise ermöglicht es mir, auch in zukünftigen Situationen Optimierungen zu erkennen und Vorschläge für Effizienzsteigerungen zu machen. Eine meiner Stärken liegt zudem darin, derartige Optimierungen zusammen mit den beteiligten Personen zu erarbeiten und voranzutreiben.	Bei den letzten Verhandlungen mit unseren Dienstleistungsfirmen habe ich durchschnittlich eine Einsparung von x% verhandelt.

Das sind Basics, mit denen sich alle so oder so ähnlich auf Gehaltsgespräche vorbereiten sollten. Für Frauen ist das Hauptproblem allerdings noch offen und in klassischen Bewerbungs- und Verhandlungsratgebern nicht beschrieben. Frauen befinden sich in einem Dilemma, wenn sie 1:1 das tun, was in den klassischen Ratgebern steht und fordernd in Gehaltsgesprächen auftreten.

DILEMMA-KILLER – SO KOMMEN FRAUEN AUS DER STEREOTYPENFALLE HERAUS

Für Frauen ist bei Gehaltsverhandlungen üblicherweise ein zusätzlicher Schritt, eine Extraschleife notwendig. Das Dilemma, in dem wir Frauen stecken, wenn wir ausschließlich hart verhandeln und fordernd auftreten (siehe ab Seite 35), muss aufgelöst werden, sonst haben wir in irgendeiner Form das Nachsehen. Denn auch wir brauchen Kompetenz und Sympathie für unsere Erfolge. Es gilt, mehr zu machen, etwas anderes zu machen, als Männer.

Die Lösung ist: Wir Frauen sind erfolgreicher beim Verhandeln, wenn wir fordernd auftreten / hart verhandeln (kontrastereotypisches Verhalten zeigen) UND unser Verhalten mit einem erwarteten, der Geschlechternorm entsprechenden Verhalten kombinieren. So wird uns Kompetenz UND Sympathie zugesprochen. Das ist gehalts- und karriereförderlich.

Ganz weit vorne steht die **Fürsorge-Norm**.

Frauen wird zugesprochen, für andere etwas tun zu sollen, sich um andere zu kümmern. Das können Sie z.B. in einem Nebensatz ergänzen wie es in „What works" von Iris Bohnet heißt: „Wenn ich mehr Verantwortung übernehme und gut verhandle, dann *profitieren wir alle davon, das ganze Team / Führungskraft / Kolleginnen und Kollegen / …"*

Die gefundenen Argumente können Sie also dilemma-reduzierend darstellen, wenn Sie sie um eine Fürsorgekomponente ergänzen:

NUTZEN-DIMENSION	BERUFS-EINSTEIGERINNEN VOR DEM ERSTEN JOB	BERUFSERFAHRENE IM JOB
Erbrachte Leistungen und Ergebnisse **Ich habe einen Top-Job gemacht**	Mit meiner Dualen Ausbildung zur x-frau gehöre ich zu den Besten meines Jahrgangs. Mit diesem Know-how und Engagement werde ich bei Ihnen im Unternehmen genauso wie in der Berufsschule und im Ausbildungsbetrieb eine super Leistung erbringen. **Damit sorge ich auch dafür, dass das Team durch meine Leistungen profitiert.**	Durch folgende Ergebnisse xy sehen Sie, ich habe die Aufgaben / Projekte hervorragend zu Ende gebracht. Das werde ich bei den zukünftigen Aufgaben / Projekten ebenfalls leisten und Sie können mich wieder sehr gut einsetzen. **Damit sorge ich auch dafür, dass das Team durch meine Leistungen entlastet wird.**
Vorhandene Qualifikationen und Kompetenzen **Ich kann mehr!**	Mit der Position wollen Sie den technischen Bereich weiter ausbauen. Die Kompetenzen, die Sie dazu benötigen, bringe ich mit und sie stehen Ihnen sofort zur Verfügung. **Für mich ist es vor allem wichtig, diese Kompetenzen umfänglich an das Team weiterzugeben. Damit sind alle schnell in der Lage ...**	Bei meiner bisherigen fachlichen Führungsverantwortung habe ich sehr gute Ergebnisse mit dem Team erreicht. Diese Erfahrungen kann ich nun direkt bei der disziplinarischen Führungsverantwortung einbringen und werde schneller erfolgreich sein. **Damit kann ich helfen, die benötigten Kapazitätsbedarfe schneller zu schließen und alle werden davon profitieren.**

NUTZEN-DIMENSION	BERUFS-EINSTEIGERINNEN VOR DEM ERSTEN JOB	BERUFSERFAHRENE IM JOB
Übernahme von zusätzlichen Aufgaben und/oder Verantwortung **Ich bin eine Extraschleife gelaufen!**	Ich habe durch xy gezeigt, dass ich bereit bin, mich überdurchschnittlich zu engagieren und zusätzliche Aufgaben zu übernehmen. Darauf können auch Sie sich in Ihrem Unternehmen verlassen. **Durch meine Unterstützung entlaste ich den gesamten Bereich.**	Das Projekt xy war im letzten Jahr nicht geplant. Ich habe es trotzdem zusätzlich zu meinen Aufgaben übernommen. Sowohl meine eigentlichen Tätigkeiten als auch das Projekt habe ich mit einem sehr guten Ergebnis abgeschlossen. **Mir ist grundsätzlich wichtig, den Blick über meine eigenen Aufgaben hinaus auf den gesamten Bereich auszuweiten. Ich möchte über das alte Silodenken hinausgehen und einen Vorteil für alle generieren.**
Ressourceneinsparung **Die Firma spart Geld durch mich!**	In meinem letzten Praktikum habe ich gelernt, Prozesse zu optimieren. Diese Denkweise ermöglicht es mir, auch in zukünftigen Situationen Optimierungen zu erkennen und Vorschläge für Effizienzsteigerungen zu machen. Eine meiner Stärken liegt zudem darin, derartige Optimierungen zusammen mit den beteiligten Personen zu erarbeiten und voranzutreiben. **Somit profitiert die gesamte Firma davon.**	Bei den letzten Verhandlungen mit unseren Dienstleistungsfirmen habe ich durchschnittlich eine Einsparung von x% verhandelt. **Das ist eine Einsparung, die sämtlichen Abteilungen in unserem Bereich zugutekam.**

Das Prinzip funktioniert im Übrigen auch sehr gut, wenn Sie sich sichtbar und auf eine charmante und auf echten Leistungen basierende Werbung für sich machen möchten. „Durch meinen Input zum Thema xy habe ich maßgeblich zum Erfolg beigetragen. *Das wird unser gesamtes Team weit nach vorne bringen und unsere Abteilung wird sehr gut dastehen.*"

Sie können die Fürsorgekomponente natürlich auch an Ihren Gehaltssatz anhängen. Wie z.B.: „Durch meine Masterabschlussnoten sehen Sie, dass ich zu den Top x Absolventen gehöre. Ebenso wie in der Uni werde ich bei Ihnen hervorragende Leistungen erbringen. *Dadurch sorge ich dafür, dass Ihr Team auf jeden Fall von meiner Kapazität profitiert.* Daher ist meine Gehaltsvorstellung XY EUR p.a."

Frauen sind ebenfalls erfolgreicher in Verhandlungen, wenn sie **ihre Entscheidung zu verhandeln durch andere legitimieren**. Von diesen Experimenten von Bowles und Babcock erzählt Iris Bonet in ihrem Buch „What works". So heißt es etwa: „Wissen Sie, *mein Mentor / Professor / Teamleiter / … hat mir geraten,* mit Ihnen noch einmal über meine Vergütung zu sprechen. Es war uns nicht klar, ob dieses Angebot die Spitze der Vergütung darstellt."

Einen Spitzenwert bei Verhandlungen erreichen wir Frauen, wenn wir **für andere verhandeln**.

Wir sind darin Weltmeisterinnen, kein Mann kommt an diese Verhandlungsleistung heran! Das gilt für das Privatleben, wo Mütter wie Löwinnen für ihre Kinder verhandeln, aber auch für das Business, wo Ärztinnen für Patientinnen und Patienten oder Rechtsanwältinnen für Mandatinnen und Mandanten das Maximum erreichen. Beides ist gesellschaftlich völlig akzeptiert und wird nicht sanktioniert.

A woman is like a tea bag;
you never know how strong it is until it's in hot water.

ELEANOR ROOSEVELT

Dieser Effekt hat einen starken Hebel und wir Frauen können ihn uns noch viel stärker zunutze machen, und zwar so, dass wir uns gegenseitig empfehlen und füreinander Werbung machen. Beispiel: *„Es ist ganz hervorragend, welchen Einsatz und welche Ergebnisse Frau XY zeigt. Sie trägt sehr zum Erfolg der gesamten Abteilung bei."* Das Mindset „Ich lasse andere gut dastehen" steckt dahinter. Meiner Ansicht nach ist das im gesamten Businesskontext eine hilfreiche Einstellung. In der Regel tendieren wir alle und damit auch viele Führungskräfte dazu, uns auf die Fehler und Schwächen anderer zu fokussieren.

Zu dem beschriebenen Vorgehen – das aktive Zusammenbringen von sowohl kontrastereotypischen als auch der Geschlechternorm entsprechenden Argumenten – habe ich durchaus kontroverse Diskussionen geführt.

Das Gegenargument: „Durch diese Vorgehensweise stereotypisieren wir Frauen uns weiter und wir Frauen möchte lieber als die wahrgenommen werden, die wir wirklich sind." Das Argument kann ich gut nachvollziehen und mir geht es genauso. Gleichzeitig kombiniere ich hier nur zwei Dinge miteinander, die im Augenblick im Raum stehen. Zum einen die vorhandene Kompetenz und das vorhandene Selbstbewusstsein und zum anderen z.B. die Fürsorgeerwartung. Wenn diese Strategie die Dilemma-Falle aushebelt, habe ich persönlich ein gutes Gefühl damit. Ich finde es sehr legitim, in Verhandlungssituationen den eigenen Spielraum zu nutzen, um ein angemesseneres Gehalt zu generieren.

FRAU X BITTE AUF DIE BÜHNE! IHR AUFTRITT!

Das Thema Auftritt füllt ganze Bibliotheken und ist meiner Ansicht nach, nur bedingt zu „erlesen". Schauen Sie sich auf Youtube um, proben Sie Ihren Auftritt mit Vertrauenspersonen – gerne männlich und weiblich oder mit einer Coach. Nichtsdestoweniger ein paar Hinweise aus meiner Praxis, speziell für uns Frauen:

Mentale Haltung

Was ist Ihr Selbstverständnis, wenn Sie in das Gespräch gehen? Sind Sie eine Bittstellerin, ein Opfer, eine Prinzessin oder sind Sie eine Expertin, eine Businessfrau? Je nachdem, welches Bild Sie von sich im Kopf haben, wird sich Ihr Auftritt verändern. Manche Frauen sehe ich zwischen Bittstellerin- und Prinzessinnen-Selbstverständnis pendeln (Oh, eigentlich darf ich gar nichts fordern, mir steht nichts zu und geleistet habe ich auch gar nichts oder der Prinz kommt und rettet mich, bis dahin mache ich mich schön und warte ...).

Möchten Sie ein anderes Bild abgeben, suchen Sie sich ein passendes Vor-Bild. Es soll Sie unterstützen und stärken. Nehmen Sie z.B. eine Haltung ein, die der einer Businessfrau entspricht, die genau weiß, was sie kann, macht und möchte. Die für sich Verantwortung übernimmt (vielleicht irgendwann auch für andere). Die niemanden übervorteilen will, selbst aber auch nicht übervorteilt werden möchte. Gehen Sie mit diesem Bild im Kopf einen Tag durch die Welt. Gerne zum Ausprobieren auch erst einmal durchs Privatleben, später in Ihrem Businessumfeld. Was passiert? Was ändert sich für Sie? Welche Erfahrungen machen Sie?

Wenn Sie ein passendes Bild gefunden haben, dann setzen Sie sich „Anker", Erinnerungshilfen, an das Bild, etwa auf Ihrem Bildschirmschoner auf dem Rechner oder Handy, vielleicht haben Sie auch eine Musik, die Sie mit dem Bild verknüpfen, dann können Sie Ihren Klingelton entsprechend wählen. Manchmal tut es auch eine einfache Postkarte am Schreibtisch. Das Gute daran ist: Die lässt sich sehr gut in Gehaltsgespräche mitnehmen! Das, was Sie tun, ist Priming. Durch einen Reiz werden spezielle, oft unbewusste Assoziationen im Gehirn aktiviert.

Körpersprache

Die mentale Haltung wird sich in Ihrer Körperhaltung widerspiegeln. Wenn das passiert und Sie ein stimmiges Bild von sich gefunden haben, dann kann ich mir alle Tipps und Tricks auf

GOOD TO KNOW

Übrigens, wenn Sie jemand anderes im Job „Prinzessin" nennt und Ihnen Dinge abnimmt, die Sie vermeintlich nicht können, dann ist das eine Form von Herabwürdigung und sogenannter „wohlwollender Sexismus". Wenn Sie selbst von sich das Bild einer Prinzessin im Kopf haben, fällt diese Art bei Ihnen wahrscheinlich auf bereiteten Boden und schmeichelt. Sie werden damit allerdings in eine passive Rolle gedrängt und als Frau im Business mit eigener Meinung und Kompetenz sicher weniger ernst genommen. Wahrscheinlich limitiert es Sie und macht Sie kleiner.

der Verhaltensebene sparen: Ihre Schultern werden zurückgehen, Ihre Füße werden eine gute Verbindung zum Boden haben (Sie werden sich nicht verbrezeln oder die Beine überschlagen, bis Sie einen Krampf bekommen), Sie werden die gesamte Sitzfläche des Stuhls für Ihren Po nutzen (nicht nur auf der Stuhlkante sitzen), Sie werden Ihren Kopf gerade halten (keinen abgeknickten Hals á la „Klein-Mädchen-beiß-mich-hier").

Das Gute an der Haltungsarbeit ist, Sie können sich aussuchen, was besser für Sie passt. Sie funktioniert in beide Richtungen: Geist Richtung Körper (wie oben beschrieben) und Körper Richtung Geist. Also, wenn Sie bestimmte Körperhaltungen einnehmen, dann können Sie gar nicht anders als mental zu folgen. Ein bekanntes Experiment als Beispiel: Nehmen Sie einen Bleistift zwischen die Zähne, öffnen Sie den Mund und beißen Sie sanft zu. Jetzt sind die Muskeln aktiviert, die beim Lächeln aktiviert werden. Die Muskelanspannung wirkt über unterschiedliche Mechanismen positiv auf Ihre Stimmung. Ich kenne Frauen, die das sehr bewusst einsetzen. Beispielsweise wenn sie kurz davorstehen, wichtige Meetings zu leiten, mit 20 und mehr Männern, dann sind sie vorher mindestens fünf Minuten auf der Damentoilette zu finden und machen Powerposen. Usain Bolt oder Rocky sind dabei exzellente Vorbilder, Beine breit und fest auf den Boden, Arme nach oben gerissen, mehr ist mehr an der Stelle. Sie lassen damit ihren Testosteronspiegel steigen und bringen sich somit in eine selbstbewusste Haltung. Das können auch Sie vor Ihren Gehaltsgesprächen nutzen.

KLEINES EXPERIMENT

Versuchen Sie einmal, in einer wenig selbstbewussten Pose – d.h. wenig Raum einnehmend, mit krummem Rücken, geneigtem Kopf, Blick von unten nach oben – in den buntesten Farben von Ihren Erfolgen zu erzählen. Oder anders herum in einer Power-Pose Ihre Misserfolge überzeugend darzustellen. Geht das? Was passiert bei Ihnen? Wie wirkt es auf andere? Meistens fangen die Leute an zu lachen. Es ist absurd und funktioniert nicht und jemand anderen können Sie gleich gar nicht damit überzeugen. Nutzen Sie diese Wechselwirkung von Körper und Geist und setzen Sie beides so ein, dass es Sie unterstützt.

Sitzen Sie im Gespräch, dann nehmen Sie Raum ein, nutzen Sie die Armlehnen oder lassen Sie Ihre Hände über dem Tisch für Ihre Gegenüber sichtbar. Achten Sie auf Beruhigungsgesten wie „die Haare drehen“, „Arme streicheln“ und versuchen Sie sie zu vermeiden.

Noch ein Tipp zum Händeschütteln: In Deutschland werden die Hände zur Begrüßung und Verabschiedung geschüttelt. Die Berührung der Hände ist der einzige körperliche Kontakt, den wir haben und er bestimmt den sogenannten ersten und letzten Eindruck massiv. Üben Sie das Händeschütteln mit einer Freundin oder Kollegin, fragen Sie sie nach ihrer Wahrnehmung. Zu schlaff (Kategorie toter Fisch, habe ich oft bei Frauen erlebt), zu fest (auch unter Frauen gibt es Knochenbrecherinnen!)?

Versuchen Sie, einen guten Mittelweg zu wählen. Dann können Sie gleich noch den Distanztest mit einbauen. Wie weit stehen Sie von Ihren Gegenübern entfernt? Zu weit? Sind Sie auf der Flucht? Zu nah? Rücken Sie Ihren Gegenübern auf die Pelle? Neigen Sie zu Schweißbildung an den Händen und ein einfaches Abwischen an der Hose oder dem Rock reicht nicht, dann können Sie Ihre Hände vor dem Gespräch mit schweißreduzierenden Mitteln behandeln. Oft kommt die Frage auf: Wie lange drücke ich die Hand und was mache ich noch, während ich das tue? Eine Faustregel dazu als Antwort: Lächeln Sie Ihre Gegenüber an und merken Sie sich die Augenfarbe. Wenn Sie diese nach dem Händedruck erinnern, dann haben Sie Blickkontakt gehabt und Sie haben die Gegenüber tatsächlich wahrgenommen.

Zur Mimik nur zwei Dinge

Augenkontakt und Lächeln. Alle haben einen anderen präferierten Wahrnehmungskanal, der Augenkontakt signalisiert uns, ob die Aufmerksamkeit bei uns liegt oder eben nicht. Daher suchen Sie immer wieder den Augenkontakt – nicht starren ohne Blinzeln, das wirkt eher bedrohlich, sondern immer mal wieder Augenfarbe checken. Es gibt Männer und Frauen, die schaffen es, im gesamten Gespräch sonst wo hinzusehen. Das wirkt zumindest nicht sympathisch.

Dann noch das Lächeln. Auch da haben wir Frauen gelernt, immer schön brav und freundlich zu sein, also zu lächeln. Das brauchen Sie meiner Ansicht nach auch nicht ablegen, aber bringen Sie Varianz in Ihr Verhalten. 60 Minuten Dauerlächeln ist ebenso merkwürdig wie 60 Minuten Pokerface. Wenn Sie zum Dauerlächeln tendieren, üben Sie zunächst einmal kurze Sequenzen, ein Pokerface einzubauen. Gerne in Kombination mit einer Frage, Pause, Pokerface. Schauen Sie, was passiert. Probieren Sie sich aus.

Stimme (Höhe, Tempo, Lautstärke ...)
Frauen tendieren dazu, eher leise zu sprechen und, wenn sie aufgeregt sind und unter Druck stehen, schnell und / oder mit einer schrillen Stimme. Wahrscheinlich wird das nicht dazu führen, dass die Person Ihnen gegenüber Sie als selbstbewusst und im wahrsten Sinne von Ihnen und Ihrem Thema überzeugt wahrnimmt. Vielmehr wirkt das schnell unprofessionell und wankelmütig. Vor wichtigen Gesprächen können Sie ein paar Stimmübungen machen, die Stimmbänder lockern. Nehmen Sie zwei bis drei Stunden bei einer Stimmtrainerin, idealerweise einer mit Coaching-Hintergrund, und lassen Sie sich ein paar einfache Kniffe für Stimme, Atmung und Haltung mitgeben. Z.B. eher mal ausatmen, wenn Sie bei Gesprächen atemlos werden. Meist haben wir zu viel, nicht zu wenig Luft in den Lungen. Auf jeden Fall sollten Sie auf Ihre Lautstärke, Ihr Sprechtempo und die Stimmhöhe achten.

Sprache (Inhalt, Wortwahl, Fragen ...)
Im Business ist die Sprache oft von der sogenannten „Berichtssprache" geprägt: Zahlen, Daten, Fakten, folgendes Ergebnis ... Wir Frauen bedienen uns vermehrt der „Beziehungssprache". Leute einbeziehen, Ergebnisse offenlassen, um einen gemeinsamen Weg zu finden. Wir nutzen viele Konjunktive und Weichmacher, um Optionen zu ermöglichen. Wenn Ihnen ein Berichtssprachler gegenübersitzt und Sie Ihre Erfolge darlegen möchten, dann reduzieren Sie Ihre Konjunktive. Nutzen Sie „ich" und stellen Sie dann die positiven Auswirkungen für alle dar (Fürsorgeaspekt). Sprechen Sie in kurzen Sätzen und vermeiden Sie Bandwurm- und Schachtelsätze. Mehr dazu ab Seite 117.

Meine beiden absoluten Favorit-Instrumente sind Fragen und Pausen. Wer fragt, der führt, heißt es so schön und wer dann auch noch dazu Pausen macht, hat zwei großartige Instrumente in der Hand, um den Gesprächsverlauf zu gestalten. Stellen Sie eine Frage und machen Sie dann eine Pause. Achtung: Bei Pausen geht es darum, sie zu machen und noch viel wichtiger ist, sie dann auch auszuhalten. Geben Sie Ihren Gesprächsgegenübern die Gelegenheit, nachzudenken. Schnaufen Sie aus und warten Sie. Beispielsweise haben Sie gerade einen Vorschlag zu Ihrer Gehaltshöhe gemacht. Fragen Sie Ihre Gegenüber „Wie sehen Sie das?“ Pause – Pause – Pause …

Kleidung

Kleider machen Leute, der Ausspruch ist so alt, wie er immer noch wahr ist. Probieren Sie es aus: Ziehen Sie Kleidung an, in der Sie sich nicht wohlfühlen – zu enges Kleid; Schuhe, die an den Füßen weh tun oder vielleicht einen Slip, der immer falsch sitzt. Dann stellen Sie sich vor den Spiegel und sagen Sie nur den Satz mit Ihrer Gehaltsvorstellung. Dann ziehen Sie sich um, ziehen das Outfit an, in dem Sie sich super gern mögen, sich wohlfühlen und von dem Sie glauben, dass es für den Anlass des Gesprächs passend ist. Stellen Sie sich wieder vor den Spiegel und sagen Sie den Satz erneut. Was ist für Sie stimmig? Was glauben Sie, ist der überzeugendere Auftritt für Ihre Gegenüber? Wichtig ist, dass Sie sich merken: Kleidung kann Ihr Ziel unterstützen oder eben nicht. Und haben Sie Mut, weibliche Businesskleidung zu tragen. In einigen Branchen gilt ein harter Dresscode „Business“. Hier sehe ich viele Frauen, die quasi in Männerkleidung – nur kleiner – herumlaufen. Klar, der Dresscode wurde für Männer gemacht und dann musste er irgendwann für Frauen angepasst werden. Also wurde alles 1:1 in kleinerer Größe hergestellt. Ich finde das schade und habe selbst erst spät verstanden und gemerkt, dass mich die „Männerkleidung in klein“ zu sehr beschneidet, mir Energie fehlt und meine Authentizität leidet. Mir fehlt meine weibliche Seite. Mittlerweile gibt es viele Businesskleidungsstücke, in der „Frau“ Frau sein kann.

NOT GOOD

Ich habe von Frauen gehört, denen per se verboten wurde, in bestimmten beruflichen Situationen Kleider zu tragen. Da es keinen arbeitssicherheitstechnischen Grund gab, ist das ein echter Übergriff und das sollte sich keine Frau gefallen lassen.

Egal in welcher Art Unternehmen Sie arbeiten, Sie sollten sich immer mit Ihrer Kleidung an denen orientieren, die den Karriereschritt, den Sie zu gehen vorhaben, schon gegangen sind. Selbst in Start-ups, die offiziell ganz ohne Dresscode auskommen, gibt es Kleidung, die eher das Management trägt und Kleidung, die eher das Team trägt. Also, in Hierarchien gedacht: Orientieren Sie sich nach oben, nicht nach unten.

GESPRÄCHSRITUALE UND GESPRÄCHSFÜHRUNG

VERHANDLUNGSBASICS – WIN-LOSE ODER WIN-WIN?

In Verhandlungen zeigt sich sehr genau, wie wichtig uns unsere eigenen Interessen bzw. die anderer sind. Der individuelle Verhandlungsstil ist davon geprägt.

Sind Ihnen Ihre Interessen oder die anderer wichtiger? Oder sind Sie diejenige, die Verhandlungen komplett ausweicht oder beim ersten Gegenwind nachgibt und Ihren Gegenübern recht gibt? Oder setzen Sie Ihren Gegenübern einfach die Pistole auf die Brust? („Wenn ich xy nicht bekomme, gehe ich!") In allen Fällen geht es ums Gewinnen (durchsetzen) oder Verlieren (nachgeben und vermeiden). Manchmal ist diese Art der „Verhandlung" wichtig, oft jedoch nicht befriedigend, weil im Business neben der Sachebene auch die Beziehungsebene wichtig ist und diese beim schlichten Durchsetzen und Nachgeben leiden kann.

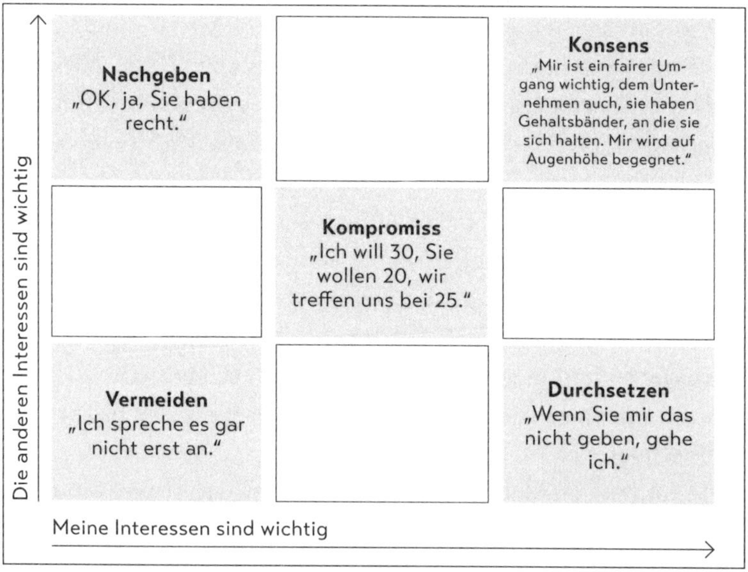

Grafik: Nach Thomas-Kilman-Modell

Wozu tendieren Sie?

Überlegen Sie sich ein paar Situationen, in denen es um Ihre Bedürfnisse oder Interessen ging. Wie ist Ihr Automatismus in solchen Situationen? Machen Sie sich das zunächst bewusst.

NOTES

In Verhandlungen tendiere ich dazu,

☐ mich durchzusetzen
☐ nachzugeben
☐ Verhandlungen ganz zu vermeiden
☐ ______________________________

____

Oft kommt es in Gehaltsverhandlungen darüber hinaus zu faulen Kompromissen. Sie wollen 5 haben (ihr absolutes Minimum), Ihre Gegenüber möchten nur 3 geben (Maximum unter Schmerzen). Sie treffen sich bei 4. Obwohl Sie sich in der Mitte getroffen haben, haben alle etwas verloren – jeweils einen Punkt und alle sind unzufrieden.

Seit Anfang der 80er kommt eine weitere Alternative ins Spiel, die Win-Win-Situation. Ursprünglich von Fisher und Ury entwikkelt, ist das Harvard-Verhandlungskonzept DAS Konzept, wenn es um Verhandlungen geht. Ziel ist es, dass alle Verhandlungsparteien als Gewinner aus den Verhandlungen gehen. Dass eine Win-Win-Situation geschaffen wird. Das Konzept berücksichtigt sowohl die Sach- als auch die Beziehungsebene. Es basiert auf 4 Prinzipien:

1. Trennung von Mensch und Problem, d.h. hart in der Sache und freundlich mit Personen verhandeln
2. Fokus auf Interessen, nicht auf Positionen, d.h. nicht die reine Durchsetzung der eigenen Position steht im Vordergrund, sondern die Bedürfnisse, die zu der Position geführt haben
3. Nicht entweder – oder, sondern sowohl – als auch, d.h. der Lösungsraum wird erweitert und nach Optionen gesucht, die für beide Parteien von Nutzen sind
4. Bewertung der Alternativen mit objektiven Messkriterien

Diese Grundhaltung beim Verhandeln kommt Frauen entgegen, um für sich und die andere Seite erfolgreich zu verhandeln.

Eine oft erzählte und eingängige Geschichte, um das Prinzip des Harvard-Konzepts zu verdeutlichen, ist die Geschichte von zwei Mädchen, ihrer Mutter und einer Orange. Zwei kleine Mädchen streiten sich um eine Orange und laufen zu ihrer Mutter. Sie soll eine Lösung finden. Beide Mädchen wollen die Orange (Position).

Sie könnte nun einen Kompromiss schaffen und die Orange teilen. Jedes Mädchen bekommt eine Hälfte der Orange. Es ist mehr als keine, aber weniger als eine ganze Orange.

Die Mutter könnte die Mädchen alternativ nach ihren Zielen und Interessen an der Orange fragen. Die eine möchte den Saft der Orange als Getränk, die andere die Schale für einen Kuchen.

Mit dem Wissen um die jeweiligen Ziele und Interessen kann die Mutter einen Konsens, eine Win-Win-Situation, herstellen. Zunächst hobelt das eine Mädchen die Haut der Orange für ihren Kuchen. Danach presst das andere Mädchen den Saft aus der Orange für ihr Getränk. Beide haben ihre Interessen erreicht, den Saft bzw. die Schale einer ganzen Orange. Dieser Konsens war nur möglich, weil es eine Frage zu den Zielen hinter den Zielen, den Interessen, den Bedürfnissen gab.

Übertragen auf das Gehaltsgespräch könnte es beispielsweise so verlaufen:

Sie wollen pro Jahr 3.000 EUR mehr Gehalt. Ihre Führungskraft sagt, sie habe kein Budget dafür. Jetzt können Sie sich fragen, was für ein Interesse / Bedürfnis hinter Ihrem Ziel steckt?

Sie haben natürlich einen super Job gemacht, Ihrer Ansicht nach, ist das eine Erhöhung wert. Sie möchten einen Ausgleich für das, was Sie geleistet haben. Gleichzeitig sind Sie weiter auf das Land gezogen, mussten ein Auto kaufen und Sprit wird auch immer teurer. Ihre Führungskraft sieht Ihre Leistungen ebenfalls und würde gerne die 3.000 EUR geben, hat aber tatsächlich kein Budget mehr. Das nächste Budget wird erst wieder in zehn Monaten frei. Jetzt haben Sie sich vorher überlegt, was Ihnen noch helfen könnte außer mehr Geld. Homeoffice-Tage könnten Ihnen helfen, denn an den Tagen müssen Sie nicht ins Büro fahren. Also sprechen Sie nun nicht mehr über Geld, sondern über den Arbeitsort. Für Sie wären zwei bis drei Tage optimal. Ihre Aufgaben und Ihre Arbeitsausstattung ermöglichen das Homeoffice als Arbeitsstätte. Also einigen Sie sich auf abwechselnd zwei Tage in der einen Woche und drei Tage in der darauffolgenden Woche im Homeoffice und das alternierend. Mit dieser Regelung sparen Sie neben den Fahrkosten auch noch Fahrzeit. Die Entscheidung Ihnen, die Homeoffice-Tage einzuräumen, liegt in der Entscheidungskompetenz Ihrer Führungskraft und es wird dazu kein Budget benötigt. Sie haben den Verhandlungsraum erweitert und über Interessen gesprochen. Gleichzeitig vereinbaren Sie natürlich einen nächsten Gesprächstermin nach acht Monaten, damit Sie mit genügend Vorlauf zur nächsten Budgetplanung wieder über eine Gehaltserhöhung in Euro sprechen können.

Sollte es in Ihrem Unternehmen noch keine Homeoffice-Regelung geben, dann kann daraus mehr werden. Zunächst verhandeln Sie diese Vereinbarung als „Sonderschleife" für Sie persönlich. Sie vereinbaren eine Pilotphase von drei Monaten, treffen sich danach zum Debriefing und entscheiden, ob und wie es weitergehen soll.

Diese Möglichkeiten können wir Frauen viel öfter nutzen. Auf diesem Weg können wir unsere Organisationen mitverändern und das, was einmal eine „persönliche Sonderschleife" war, wird in das Standardrepertoire aufgenommen. Hannah Riley Bowles spricht von „asking for standards, bending and shaping your organization".

GEHALTS- UND KARRIERE-VERHANDLUNGSSTRATEGIEN:
FRAGEN – BEUGEN – GESTALTEN

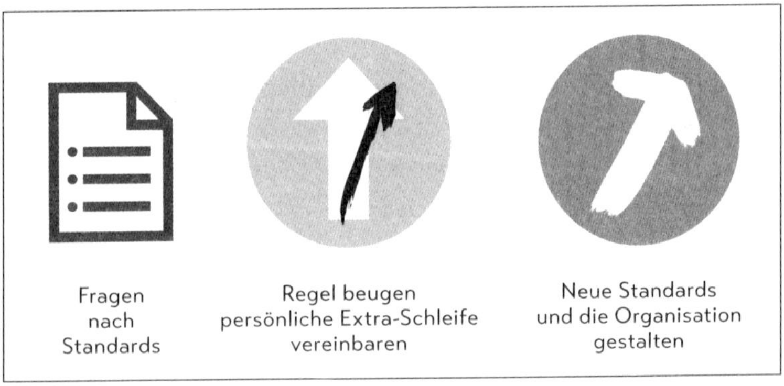

Grafik: Nach Hannah Riley Bowles

Mit der Win-Win-Verhandlungsstrategie sind wir Frauen schon auf einem sehr guten Pfad. Es führt uns aus der Dilemma-Falle, da wir auch hier die Kombination haben: hart in der Sache und freundlich mit Personen verhandeln und gleichzeitig die eigenen und die Interessen der Gegenüber im Blick haben.

Wir **verhandeln hart** & gleichzeitig bedienen wir die Geschlechter-Norm **Fürsorge und unterstreichen den Nutzen für andere**.

Bevor Sie ins Gespräch, in die Verhandlung, gehen, brauchen Sie neben Ihren Vorbereitungen weitere Informationen zum Gespräch sowie ein Gesprächsziel.

SO KANN ES LAUFEN!

Ziele

Bevor Sie ins Gespräch, in die Verhandlung gehen, brauchen Sie neben konkreten Fixgehalt-Zielen auch eine Idee, welche Zusatzleistungen für Sie interessant sind, siehe Top 5 zusätzlichen Leistungen.

Des Weiteren brauchen Sie ein Gesamtziel für Ihr Gespräch. Z.B. „In diesem Gespräch möchte ich meinen Mehrwert darlegen und mein jährliches Ziel-Gehaltspaket kommunizieren und mich idealerweise mit meinen Gegenübern darauf einigen."

Dazu brauchen Sie noch ein paar Informationen: Wann ist das Thema „Gehalt" geplant? Wer ist der Entscheider / die Entscheiderin? Wie läuft so ein Gespräch typischerweise ab?

Zeitpunkt und Verantwortliche?

Bei Gehaltsverhandlungen für neue Jobs bei neuen Unternehmen findet die Absprache des Gehalts meist am Ende des zweiten oder dritten Interviews statt. Manchmal wird ein eigener Termin vereinbart, um vertragliche Rahmendaten zu besprechen. Unter Umständen wird von der Unternehmensseite nichts in puncto Zeitpunkt und verantwortliche Personen kommuniziert. In diesem

Fall klären Sie aktiv, wann geplant ist, das Thema zu besprechen und mit wem. Ist der Fachbereich oder die Personalabteilung verantwortlich? Oder jemand ganz anderes? Wenn sich keine persönliche Gelegenheit ergibt, eine Klärung herbeizuführen, fragen Sie alternativ per E-Mail, wann die vertraglichen Rahmendaten mit wem besprochen werden.

Ablauf

Meist laufen Gehaltsgespräche nach folgendem Schema ab. Die Reihenfolge der einzelnen Punkte kann nach Unternehmenskultur, persönlichen Vorlieben der Gesprächspartner variieren.

1. Warm-up, Small Talk
2. Einstieg in das Thema Gehalt
3. Erfragen und Nennung der Gehaltsvorstellung
4. Argumente und Gegenargumente
5. Abschluss

1. Warm-up, Small Talk

Je nachdem, ob es ein separates Gehaltsgespräch ist oder am Ende eines Interviews stattfindet, wird dieser Punkt länger oder kürzer sein. Sie können sich z.B. für den beruflichen Hintergrund Ihrer Gegenüber interessieren, Fragen zum Büro / zur Einrichtung stellen oder sich näher für öffentlich bekannte Neuigkeiten oder Veränderungen im Unternehmen interessieren. Wenn Sie Ihre Gegenüber kennen, haben Sie sowieso Anknüpfungspunkte aus Ihrer Zusammenarbeit. Lassen Sie sich bei allem Small Talk aber nicht von Ihrem Ziel „Ansprache und Verhandlung des Gehalts" abbringen.

2. Einstieg in das Thema Gehalt

Wenn bei Jobwechseln die Klärung des Zeitpunkts und der verantwortlichen Personen aus irgendwelchen Gründen vorher nicht stattfinden konnte, ist ein guter Zeitpunkt für die Ansprache des Themas „Gehalt", wenn Sie im Gespräch auf Urlaubstage, Arbeitszeit, etc. zu sprechen kommen. Sollte das Thema von Unternehmensseite aus nicht angesprochen werden, egal, ob es vereinbart war oder nicht, sprechen Sie es an, fragen Sie nach, wann die Vergütungsfrage besprochen wird oder übernehmen Sie die Initiative und sprechen Sie das Thema gleich selbst an: Z.B. „Vielen Dank für die Einladung und die weiteren Erläuterungen. Ihre Kollegin sagte mir, es geht heute um die Besprechung des Gehaltspakets, ist das auch Ihre Information?"

Oder: „Ihr Kollege, mit dem ich das vorherige Gespräch führte, sagte mir, es ginge heute auch um das Gehalt. Bevor Ihre Zeit knapp wird: Es ist auch mein Ziel, diesen wichtigen Punkt zu besprechen."

Ich kenne viele Frauen, die unverrichteter Dinge aus solchen Gesprächen gegangen sind, weil sie den Einstieg in das Thema verpasst haben. Lassen Sie sich nicht ablenken, sorgen Sie gut für sich und Ihre Ziele. Vielleicht haben Sie eh einige Fragen auf einem Zettel notiert, dann können Sie im Gespräch darauf zurückkommen wie z.B.: „Lassen Sie mich kurz nachschauen, was ich noch für Fragen hatte – ach ja, wir haben noch gar nicht über das Gehalt gesprochen."

3. Erfragen und Nennung der Gehaltsvorstellung

Irgendwann geht es nun ans Eingemachte. Es muss „Butter bei die Fische". An sich ist es aber auch gar nicht so aufregend, sondern das Normalste der Welt. In der Regel wird so oder ähnlich gefragt werden:

„Was möchten Sie verdienen, wenn Sie zu uns kommen?"

„Welche Gehaltsvorstellung haben Sie?"

„Sie haben in Ihrem Anschreiben / im Telefonat eine Gehaltsvorstellung von xxx EUR genannt, wie kommen Sie auf diese Summe?"

Hier möchten Ihre Gegenüber meist noch einmal eine kurze Zusammenfassung haben und Sie können Ihren Elevator-Pitch nutzen, um einen Überblick zu geben.

Viele scheuen sich, mit ihrer Gehaltsforderung direkt rauszurücken und stellen eine Gegenfrage. Allerdings lassen sich nur wenige Unternehmensverantwortliche darauf ein. Probieren könnten Sie es etwa so: „Mir ist es wichtig, ein faires und meinen Leistungen angemessenes Gehalt zu erhalten. In welchem Bereich liegen bei Ihnen die Gehälter bei Personen mit einem vergleichbaren Background und zukünftiger Verantwortung?"

Auf jeden Fall kommen nun Ihre vorbereiteten Sätze von Seite 78 und 79 zum Einsatz. „Meine Gehaltsvorstellung beläuft sich auf x EUR. Was ist Ihre Vorstellung?"

Damit sind Sie oft mitten drin in der Verhandlung und dem Austausch von Argumenten und Gegenargumenten.

4. Argumente und Gegenargumente & 5. Abschluss
Ihre Argumente haben Sie bereits dilemma-reduzierend vorbereitet. Diese können Sie nun anbringen. Weil so viele Gegenargumente so unüberwindlich scheinen und der Abschluss von Gehaltsverhandlungen wichtig ist, stelle ich es ausführlicher in dem folgenden Kapitel dar.

GEGENARGUMENTE UND AUCH WIR FRAUEN MÖGEN WETTBEWERB

In Verhandlungen tendieren wir Frauen nicht selten dazu, das erste „Nein" und Gegenargument zu akzeptieren und uns zurückzuziehen. Für viele Männer beginnt das Spiel beim ersten „Nein". Man sagt, wir Frauen hingegen seien nicht so wettbewerbsorientiert wie Männer. Ich sage, auch hier ist das per se keine weibliche Eigenschaft, sondern wir haben andere Erfahrungen gesammelt und diese waren häufig mit negativen Konsequenzen verbunden, wenn wir hartnäckig an Themen drangeblieben sind.

Ich habe von einer Geschichte eines leitenden Angestellten gehört, der für seine fordernde Art bekannt war. Er wollte einen historischen Schreibtisch in ein Hightech-Büro holen. Das war selbstverständlich nicht im Corporate Design der Firma abgebildet. Es hat circa ein Jahr gedauert, dann zählte ein historischer Schreibtisch zum Mobiliar. Durch ständiges Dranbleiben, immer wieder nachhaken, Vorschläge machen hat dieser Mann den Schreibtisch durchgesetzt. Seine Führungskraft platzte zwar nicht vor Begeisterung, hat aber zugestimmt. Meiner Ansicht nach zeigen sich hier zwei Dinge, erstens: Dranbleiben lohnt sich und zweitens: Erfolgserlebnisse machen Lust auf mehr. Ebenfalls stellt sich die Frage, wie es ausgegangen wäre, wenn eine Frau diese Forderung gestellt hätte? Wir wissen es nicht. Meine Vermutung ist, es gäbe keinen historischen Schreibtisch im Unternehmen und unter Umständen hätte die Aktion, das bloße Durchsetzen, ihre Reputation negativ beeinflusst.

Das Verhandlungen Spaß bringen können, habe auch ich mir erst erarbeiten müssen. Ich habe im wahrsten Sinne des Wortes mit „kleinen Brötchen" angefangen. Sonntags beim Bäcker. Wenn die Brötchen mal wieder auf die Hälfte geschrumpft waren, dann habe ich nach drei Brötchen für den Preis von zweien gefragt. Manchmal hat es funktioniert, dann habe ich mich gefreut und ich habe eine gute Erfahrung gemacht. Manchmal hatte ich keinen Erfolg, dann war es nicht schlimm und ich habe mir andere Brötchen ausgesucht und es das nächste Mal wieder probiert oder noch einen anderen Vorschlag gemacht. Wichtig für mich war zu lernen: „Verhandle möglichst viel, starte in Kontexten, in denen es um nichts bzw. wenig geht, so kannst du positive Erfahrungen sammeln und Lust an dem Spiel gewinnen."

NOTES

In welchen Situationen verhandeln Sie rein zum Spaß und zur Übung als Nächstes?

Wir Frauen können uns darüber hinaus noch ein Phänomen zunutze machen. Prof. Dr. Matthias Sutter, Prof. Dr. Loukas Balafoutas und Dr. Helena Fornwagner beschreiben es in ihrem Artikel „Closing the gender gap in competitiveness through priming". Positive Erinnerungen an die eigene Macht lassen Frauen schneller in den Wettbewerb eintreten. In ihrem Experiment nutzten sie die Methode „priming with power". Wenn Frauen sich an Situationen erinnerten, in denen sie Einfluss auf andere hatten, dann ließen sie sich genauso oft wie Männer auf Wettbewerb ein. Waren sie nicht „geprimt", schlugen Männer deutlich häufiger als Frauen den Weg des Wettbewerbs ein. Interessant dabei ist, dass Risikoaversion eine Voraussetzung zu sein scheint, damit der „Power-Priming-Effekt" einsetzt. Denn Männer waren nach dem Power-Priming weniger wettbewerbsorientiert. Man könnte auch sagen, alle Beteiligten erhalten mit dem Power-Priming eine bessere Einschätzung ihrer Fähigkeiten. Frauen stärkt es und Männer hält es davon ab, sich zu überschätzen.

Bei den Beispielsituationen aus dem Experiment waren sowohl Situationen aus dem beruflichen als auch privaten Umfeld zu finden. Viele Frauen haben bei der Beschreibung dieser machtvollen Situationen, in denen sie Entscheidungen treffen, Kontrolle hatten oder auch eine Auswahl treffen konnten, gleichzeitig ihre Verantwortung betont, die sie in dem Moment hatten.

Eine Studentin mit einem Job in der Gastronomie kündigte, da sie sich auf etwas anders konzentrieren wollte. Sie wurde von ihrem Chef gebeten, eine Nachfolge zu suchen. Die Macht zu entscheiden, wer nach ihr in diese Position kommt, hat sie als einflussreich und verantwortungsvoll bewertet.

Andere Frauen empfanden es als sehr verantwortungsvoll und einflussreich, Kinder zu betreuen und ihnen sagen zu können, was sie tun dürfen oder auch nicht. Einige beschrieben Situationen, in denen sie eine Gruppe und deren Arbeitsinhalte nach außen repräsentiert haben, z.B. in einem Projekt oder auch einer studentischen Gruppenarbeit.

NOTES

Mit welchen einflussreichen Situationen können Sie sich vor Gehaltsgesprächen primen?

Mit vielen kleinen spielerischen Erfahrungen im Alltag sowie einer guten Vorbereitung, dilemma-reduzierenden Argumenten und dem Power-Priming sowohl vor als auch im Laufe von Verhandlungen können wir einen anderen Zugang zu Gegenargumenten entwickeln und sukzessive mit unseren steigenden Erfolgen Verhandlungen mit Gegenwind als normaler empfinden. Dann sind unsere Gedanken vielleicht: „Lassen wir die Spiele beginnen! Wenn ich nie ein nein bekomme, dann frage ich nicht genug. Was wäre eine Verhandlung ohne Gegenargumente? Gar nichts, es wäre langweilig! Die Gegenargumente sind das Salz in der Suppe! Sie sind der Nervenkitzel! Sie fordern uns geistig heraus! Sie machen das Spiel zum Spiel!"

Klassische Gegenargumente

DAS Top-Gegenargument in Gehaltsverhandlungen ist sicherlich: **„Wir haben kein Budget!"**

Es wird immer wieder zu Recht oder zu Unrecht auf den Tisch gepackt. Anhand dieses Gegenarguments lässt sich eine Strategie zum erfolgreichen Verhandeln und Aushebeln der Genderstereotypen erläutern. Die Basis bildet der Zaubersatz „Mal angenommen …", dann dranbleiben und die Fürsorgekomponente nutzen.

Ein Beispiel für eine Gesprächsabfolge: Sie verdienen gerade 45 TEUR pro Jahr. Eine Gehaltserhöhung steht an und Sie gehen mit der Forderung von 50 TEUR pro Jahr ins Gespräch.

UNTERNEHMENSSEITE:
„50 TEUR ist zu viel, wir haben kein Budget für eine derartige Erhöhung!"

SIE:
„Nur mal angenommen Sie hätten Budget, wo würden wir uns dann treffen?"

„Na ja, vielleicht bei 48 TEUR." Sie bekommen eine Zahl.

„Ok, das freut mich sehr zu hören. Wann haben Sie denn wieder Budget?"

„In 6 Monaten." Sie bekommen einen Zeitpunkt, wann Sie wieder sprechen können.

„Prima, dann können wir davor sprechen! Wann genau planen Sie das Budget? Ich stelle uns zu dem Zeitpunkt gerne einen Termin ein." Jetzt haben Sie ein Delta in EUR und einen Zeitraum, in dem Sie weniger bekommen als Sie verdienen, nun können Sie eine Kompensation dafür verhandeln. Vorausgesetzt, 48 TEUR sind ok für Sie. Ansonsten kommunizieren Sie Ihre Erfolge noch einmal und machen einen Gegenvorschlag.
„Wenn Sie auch der Meinung sind, eigentlich müssten wir uns bei 48 TEUR treffen, wie sollen wir die Lücke denn in der Zwischenzeit kompensieren? Haben Sie eine Idee? Ich hätte eine …" An dieser Stelle kommen Ihre Top-5-Zusatzleistungen zum Einsatz aus Kapitel Alternative B und bitte fragen! Ab Seite 80.

…

„Ganz herzlichen Dank an Sie, ich freue mich auf die Zusammenarbeit und gebe gerne meine Motivation und mein Engagement weiter ins Team! Sie werden sehen, wie alle davon profitieren!"

Ob Sie den Job wechseln oder in Gehaltsanpassungsgespräche gehen, auf jeden Fall gilt es, sich auf ein paar typische Gegenargumente vorzubereiten. Versetzen Sie sich in Ihre Gegenüber, versuchen Sie die Top-Gegenargumente zu antizipieren und bereiten Sie sich hierfür gute Argumente und Strategien vor.

Gleichzeitig rufen Sie sich noch einmal die Macht der Pause in den Kopf. Nur weil ein Gegenargument oder eine Nachfrage kommt, lassen Sie sich nicht von Ihrem Ziel abbringen, bleiben Sie ruhig und besonnen. Machen Sie Ihre Punkte, stellen Sie Ihr Angebot und Ihre Forderungen selbstbewusst dar, stellen Sie eine Reaktionsfrage (z.B. Wie sehen Sie das?) und warten Sie die Reaktion der Gegenüber ab. Sollte die Reaktion etwas Zeit brauen, warten Sie, warten Sie, warten Sie ... Womöglich haben Sie einen starken Impuls, die Situation wieder „angenehm" zu machen und möchten anfangen zu sprechen oder womöglich Ihre Forderung verkleinern, zustimmen oder sich rechtfertigen. Bleiben Sie locker, lehnen Sie sich zurück, nehmen Sie sich ein Glas Wasser, versuchen Sie, sich zu bewegen (das baut Stress ab) und warten Sie geduldig auf die Reaktion der Gegenüber. Sie unterstreichen mit diesem Verhalten Ihre Entschlossenheit und wirken sehr souverän.

Gegenargumente – oft genutzt und manchmal wahr

„Sie wissen ja, die wirtschaftliche Lage des Unternehmens ist gerade nicht so gut!"

SIE:
„Das verstehe ich gut. Mit der Schaffung dieser Position haben Sie sich ja auch entschieden, das zu verändern. Ich bringe genau passende Kompetenzen mit, um diese Position erfolgreich auszufüllen. Ggf. noch einmal Argumente, Mehrwert nennen, daher ist für mich X Euro ein adäquater Gegenwert, den ich von Ihnen für meine Leistungen erhalte." Gerne mit Fürsorgekomponente abrunden.

„Das kann ich Ihnen nicht bieten, das liegt außerhalb unserer Gehaltsbänder!"

„Ja, ein faires Gehaltsgefüge finde auch ich sehr wichtig. Mit meinem Mehrwert, den ich mitbringe, erhalten Sie genau die gewünschte Expertise."
Manchmal geht es einfach auch darum, kein echtes Gegenargument zu bringen, sondern seine eigene Position noch einmal in anderen Worten zu formulieren, um Standfestigkeit zu signalisieren.

Oder, wenn es tatsächlich außerhalb scheint:

„Was halten Sie von einem einmaligen Sonderbonus nach erfolgreichem Bestehen der Probezeit / Abschluss des Projektes x?
Damit würden Sie in den Gehaltsbändern bleiben – und wenn Sie mit meinen Leistungen zufrieden sind, dann bauen Sie mir eine Brücke bis zur nächsten Gehaltsrunde. Wäre das abzubilden?"

Oder:

„Sagen wir, ich starte zu dem von Ihnen vorgeschlagenen Gehalt, sammle Erfahrungen und gehe damit gewissermaßen in Vorleistung. Dann sorgen Sie Ihrerseits dafür, dass mein Gehalt nach der Probezeit / Zeitpunkt X auf Y angepasst wird. Ist das für Sie abzubilden?"
Sie können die Zahlung einfach an einen Zeitpunkt hängen, d.h. die Zahlung wird nur verschoben.

„Grundsätzlich gebe ich Ihnen ja recht, aber aktuell ist das nicht machbar."

„Ich freue mich, dass wir grundsätzlich einer Meinung sind! Wieso genau ist es gerade jetzt nicht machbar? / Was wäre machbar zum jetzigen Zeitpunkt?
Ggf. weitere Optionen über Zusatzleistungen verhandeln, sollte ein bestimmter Budget-Topf gerade leer sein.

Wenn es an der eigenen Qualifikation / Erfahrung liegt:

„Was genau fehlt Ihnen an meiner Qualifikation / Erfahrung?"
Ggf. Weiterbildung vereinbaren und einen weiteren Zeitpunkt für erneute Verhandlung, z.B. nach der Weiterbildung / nach der Zeit, die nötig ist, um die fehlenden Erfahrung zu sammeln.

„Wenn ich Ihnen mehr Geld gebe, dann wollen alle mehr Geld!"

„Es ist nachvollziehbar, dass Sie das vermeiden möchten. Aktuell geht es mir ausschließlich um meine ganz persönliche Leistung und Gegenleistung."
Pause, Pause, Pause, ...

Plan B / Salamitaktik …
wenn gar nichts mehr geht beim Fixgehalt …

„Ich versuche gerade ein paar Möglichkeiten zu finden, damit wir doch noch zusammenkommen, wie sieht es bei Ihnen mit Boni / Zusatzleistungen aus?"

Das geht auch nicht, dann … (konkret nach Zusatzleistungen fragen – siehe Top-5-Zusatzleistungen)

„Wie sieht es bei Ihnen mit xy aus? Das wäre mir ein wichtiger Punkt für mich, weil, …"

Etwas geht nicht:

„Das kann ich nachvollziehen, was können Sie stattdessen anbieten?"
Oder: „Was können Sie alternativ für mich tun?"

Etwas geht jetzt immer noch nicht:

„Ok, verstanden. Was halten Sie davon, wenn wir den Bonus an eine Zielerreichung hängen, z.B. … Und wir uns die Ziele nach x Monaten wieder ansehen? Wenn ich das Ziel erreicht habe, dann gibt es die Zahlung y. Wie wäre das für Sie?" Das Ziel auf jeden Fall messbar beschreiben!

Nicht jedes Argument muss immer mit dem Fürsorgeaspekt kombiniert werden. Ein dosierter Einsatz an wichtigen Argumenten macht einen erfolgreichen Mix aus.

Gender-Gegenargumente

Aufgrund des Prinzips „Männer werden nach Potenzial, Frauen nach gezeigter Leistung befördert und entlohnt" hören Sie vielleicht folgenden Satz: *„Jetzt fangen Sie erst einmal an / übernehmen erst einmal die Abteilungsleitung / zeigen Sie erst einmal Ihr Können und dann sprechen wir über das Gehalt."*

„Hmm, das kann ich gut verstehen, dass Sie Sicherheit benötigen. Ich habe bereits x und y gezeigt. Das sind Voraussetzungen, um diese Verantwortung zu übernehmen. Sie können sich wie bisher auch auf mich und meine Expertise / mein Können verlassen. Darüber hinaus werde nicht nur ich, **sondern wird auch das Team von diesem Schritt profitieren.** Starten wir jetzt gemeinsam. Sie mit dem Mehr an Gehalt und ich mit dem Mehr an Verantwortung. Ich finde das fair. Was halten Sie davon?"

Sollten Sie dennoch in Vorleistung gehen, dann sollten Sie es nicht unterlassen, auch hier einen konkreten Zeitpunkt für das nächste Gespräch sowie nachvollziehbare und messbare Kriterien für die Gehaltsanpassung zu vereinbaren. Wenn der Zeitpunkt gekommen ist und Sie Ihre guten Leistungen in der neuen Position erbracht haben, können Sie überlegen, für den Zeitraum, in dem Sie zum alten Gehalt mit mehr Verantwortung gearbeitet haben, eine Kompensation nachzuverhandeln.

Übertreibungen

Durchaus öfter taucht auch das Prinzip der Übertreibung auf: „Frau xy, jetzt kommen Sie schon wieder, wir haben doch gerade erst gestern (gestern kann durchaus auch mal zwei Jahre zurückliegen) über Ihr Gehalt gesprochen. Wenn Sie so weitermachen, ist das nicht gut für Ihre Karriere."

Die Zuschreibung von Bescheidenheit und Harmonieorientierung wird hier mit Einschüchterung kombiniert. Überlegen Sie sich, ob sie hier weiterkommen und ob eine Zusammenarbeit und ein Fortkommen tatsächlich gewünscht sind. Wenn ja, dann sollten Sie die Drohung überhören und Zahlen, Daten, Fakten zu Gesprächszeitpunkten sowie der Mehrleistung von Ihnen anführen.

Vertröstungstaktik

Mancherorts wird die Vertröstungstaktik verfolgt und es kommen mehr oder weniger intelligente Argumente, warum es jetzt gerade nicht geht. Bleiben Sie dran und schreiben Sie auf, wann Sie angefragt haben, welche Argumente genannt wurden und auf wann Sie vertröstet wurden. Bei einem Vertröstungsmarathon können Sie irgendwann Ihre Versuche zur Terminvereinbarung kommunizieren und Ihre Führungskraft fragen: „Mal angenommen, Ihre Tochter / Nichte / Mentee hätten diese Anläufe unternommen, um ein Gehaltsgespräch mit ihrer Führungskraft zu führen und sie hätte folgende Erfahrung gemacht (Aufzählung der Anläufe) – was würden Sie ihr raten zu tun?

Fixe Gehaltsrunden

Gibt es festgelegte Gehaltsrunden, versorgen Sie Ihre Führungskraft mit einer Zusammenfassung Ihres Erfolgstagebuchs einige Zeit vor der Gehaltsrunde und schlagen Sie ein Gespräch für eventuelle Rückfragen vor. Benennen Sie auch hier Ihre Einschätzung zu einer adäquaten Gehaltsanpassung. Ihre Führungskraft sollte maximal informiert in diese Runde gehen und Sie sollten ebenfalls wissen, mit welchen Informationen und Meinungen Ihre Führungskraft Sie dort vorstellt.

Keep your heels, head and standards high.

COCO CHANEL

BERICHTE UND BEZIEHUNGEN PRÄGEN SPRACHSTILE

Ich habe es schon auf Seite 98 angerissen: Bedingt durch die Umgebung, in der wir aufwachsen und sozialisiert werden, hat sich ein eher berichts- bzw. beziehungsorientierter Kommunikationsstil herausgebildet. Je mehr wir etwas nutzen, desto besser sind unsere neuronalen Verschaltungen in unserem Hirn verknüpft. Alle haben einen präferierten Stil. Die Linguistik-Professorin Deborah Tannen unterscheidet Beziehungs- und Berichtssprache. Frauen wird eher erstere, Männern eher zweitere zugeschrieben. Zu ihrem Bestseller wurde das Buch „Du kannst mich einfach nicht verstehen. Warum Männer und Frauen aneinander vorbeireden".

Dadurch, dass das Business in Entscheidungspositionen immer noch durch Männer geprägt ist, ist in der Regel die Berichtssprache das Maß aller Dinge. Wenn Frauen unter sich kommunizieren, dann kommt oft die Beziehungssprache zum Tragen.

Wenn Sie als Frau Beziehungssprecherin sind und die Person Ihnen gegenüber in Gehaltsgesprächen die Berichtssprache favorisiert, dann können Sie sich beim Sprach-Fokus, Satzbau und bei der Satzlänge darauf einstellen. Das Ganze gilt natürlich auch umgekehrt. Personen, die Berichtssprache favorisieren und ihr Gehalt mit Menschen, die Beziehungssprache nutzen, aushandeln.

	BEZIEHUNGSSPRACHE	BERICHTSSPRACHE
Ziel	Beziehung stärken und erweitern	Status klären und Rang abstecken
Ausrichtung	horizontal, auf Augenhöhe	vertikal, oben und unten
Fokus	Meinungsbildung und Prozess	Argumente durchsetzen, Ergebnis sichern
Lösungsfindung	im Gespräch, in der Diskussion	vor dem Gespräch
Satzbau und -länge	mehr Worte, mehr Nebensätze, mehr Konjunktive	weniger Worte, kaum Nebensätze, kurze Sätze mit Statements
Gesprächsmittel	fragen	sagen
Was denke ich über die Person mir gegenüber	... ignorant, präsentiert einfach Ergebnisse, unterbricht, hört nicht zu, ist an einer Auseinandersetzung und meiner Meinung nicht interessiert.	... kompliziert, kommt nicht auf den Punkt, immer dieses Ausschweifen, da muss ich nachhelfen, korrigieren, es auf den Punkt bringen.

Was immer geht:

Auch zum Thema Gesprächsführung gibt es viele gute Bücher und viele feine Aspekte, auf die Sie achten können, um sich weiter zu professionalisieren, z.B. Kompetent und erfolgreich im Beruf. Hartmann, Funk, Zoll, 2019.

Was meiner Ansicht nach immer zu einem guten Gespräch gehört, sind folgende Punkte:

- aktiv zuhören;
- die Gegenüber ausreden lassen;
- mit Fragen Interesse an der Person sowie der Perspektive der Gegenüber bekunden;
- zusammenfassen, um das Verständnis zu sichern;
- gelassen und entspannt bleiben, auch wenn es mal holprig wird.

GESPRÄCHSPARTNER ODER -GEGNER?

Wenn Sie Gehaltsanpassungsgespräche führen, dann werden Sie Ihre „Pappenheimer" kennen und können sich bestens auf Ihre Gegenüber einstellen. Wenn es um weitgehend unbekannte Personen geht, dann werden Sie mit wachsender Erfahrung immer schneller eine grobe Hypothese bilden können, in welche „Schublade" Sie die Person stecken können. Wohlwissend, dass Persönlichkeiten und deren Ausprägungen nie so einfach gestrickt sind, als dass sie sich in eine einzige Schublade stecken lassen könnten.

Egal welche Typen Sie vorfinden, grundsätzlich wird es immer etwas mit Ihnen machen, ob Sie Ihre Gegenüber als „Gegner" oder „Partner" betrachten. Für eine konstruktive Gesprächsatmosphäre sollten Sie versuchen, das Gute in ihren Verhaltensweisen zu entdecken und zu nutzen. Gleichfalls bauen Sie eine vertrauensvolle Atmosphäre auf, wenn Sie sich auf die Bedürfnisse Ihrer Gegenüber einstellen.

Zwei typische Ausprägungen von Gegenübern, die oft in Führungspositionen zu finden sind und daher meist männlich, sind „The Brain" und „The Boss". Bei beiden kommen Sie in der Regel mit der Berichtssprache und ein paar Anpassungen weiter.

The Brain

Die rationale Person liebt Pläne, Zahlen, Daten und Fakten. Sie ist ein Kopfmensch. Emotionen sind ihr fremd. Es geht um Details und exakte Daten. Sie ist kein Verkäufertyp. Sie liebt Präzision in Aussagen und kann Phrasen nicht leiden. Oft wirkt sie ruhig, distanziert, nachdenklich manchmal emotionslos, kalt und nüchtern. Meist hat sie eine rasche Auffassungsgabe und hohe Ansprüche an sich und ihr Umfeld.

Das Gute an ihren Verhaltensweisen: Ihr ist wichtig, eine wirklich richtige und fundierte Entscheidung zu treffen. Sie wird sich weniger durch Emotionen zu einer schnellen Bauchentscheidung hinreißen lassen. Ihr geht es um Fairness, Inhalte und Objektivität.

Ihre Vorbereitung: „Zahlen, Daten, Fakten"-Affinität braucht Zahlen, Daten Fakten in den Argumenten, die überzeugen müssen. Also sollten Sie sich akribisch vorbereiten und die Sprache der Zahlen und nicht der Bilder nutzen. Keine Übertreibungen und Selbsterhöhungen. Diese Person benötigt eine umfassende Informationslage, um entscheiden zu können. Geben Sie diese in kurzen, knappen Sätzen. Sie sollten Ihr Angebot am besten aufzählen: 1., 2., 3. und alles mit Fakten und Beweisen hinterlegen.

Beispiele: „Ich bringe einen Ausbildungsabschluss mit der Note 1,2 und mit den Vertiefungen X & Y mit, vorher habe drei Praktika mit folgenden Schwerpunkten: 1., 2., 3. absolviert und …"

Oder: „Ich verfüge über zehn Jahre Berufserfahrung in den Branchen X & Y. Meine Führungserfahrung von fünf Jahren mit einer Führungsspanne bis zu 30 Personen … Mit dieser Expertise werde ich doppelt so schnell starten und für Entlastung sorgen!"

The Boss

Diese Charaktere sind charismatisch, ständig im Wettbewerb und das Ergebnis zählt. Die Selbstwahrnehmung ist: „Ich bin geboren, um zu führen" und „Wo ich bin, ist vorne". Sie verkaufen sich und ihr Team brillant und scheren sich nicht um die „Mainstream-Meinung". Sie wollen mit Gewinnern zusammenarbeiten und Dinge voranbringen. Gleichzeitig können sie auch als herrisch, anmaßend und aggressiv wahrgenommen werden.

Das Gute an ihren Verhaltensweisen: Sie bringen Dinge voran, sie sorgen für ihr Kernteam und wenn das Ergebnis stimmt, sind sie großzügig. Sie haben oft eine spielerische und humorvolle Seite, die das Arbeiten mit ihnen unterhaltsam macht.

Ihre Vorbereitung: Selbstbewusstsein ist Trumpf. Ein vorheriger Theaterkurs ist durchaus eine Option. Wutausbrüche, Pokerface, lange Pausen, alles gehört zum Spiel und zum Test: Wie standfest sind Sie? Wie schlagen Sie sich? Halten Sie die Augenhöhe oder knicken Sie ein? Also mal wieder ausschnaufen, die innere Mitte suchen und mit Witz und Geist dagegenhalten. Pocerface und Pausen können Sie auch. Allerdings sollten Sie es nicht übertreiben und immer humorvoll bleiben, sonst gibt es einen Kampf, den Sie nicht gewinnen können. Denn: „Es kann nur einen geben." Sprechen Sie auf jeden Fall in Ergebnissen und Leistungen, die Sie erbracht haben sowie in Zielen, die Sie verfolgen. Streichen Sie Konjunktive aus Ihrem Sprachgebrauch. „Mit den eigenen Waffen schlagen" wird hier Ihr Motto, gepaart mit Schlagfertigkeit und Humor.

Beispiele: Nach einem Pausen- und Pokerface-Scharmützel: „Ok, you are the boss, aber Sie haben gesehen, ich kann verhandeln. Und meine Frau stehen kann ich auch!" – Geht nur mit starkem Humor / Augenzwinkern.

Oder: „Mein Ziel war, das Team um zehn Personen auszubauen. Das habe ich in der Hälfte der Zeit geschafft. Von der Leistung profitiert die gesamte Abteilung. Jetzt sind Sie dran!"

Wenn Sie das Thema Persönlichkeitsmodelle und -typen tiefer interessiert, dann können Sie z.B. zu Dietmar Friedmann oder auch Big Five weiter recherchieren. Eva Brandt, 2019, gibt in ihrem Buch ebenfalls einen ersten Einblick.

IHRE ENTSCHEIDUNG – AKTIV GESTALTEN

Wenn es um einen neuen oder ersten Job in einem Unternehmen geht, müssen Sie sich irgendwann entscheiden: Passt das Angebot des Unternehmens zu Ihrem Angebot? Sie haben Ihren Mehrwert dargelegt. Das Unternehmen hat die Aufgaben und Verantwortlichkeiten der Position beschrieben. Sie haben Ihre Gehaltsvorstellung genannt und das Unternehmen hat kommuniziert, was es bereit ist, in Euro zu bezahlen. Darüber hinaus wissen Sie, was Ihnen an Zusatzleistungen wichtig ist und das Unternehmen hat erläutert, welche es bietet.

Sie haben also über das WAS gesprochen. Sie haben geklärt, wer was mitbringt und wem was wichtig ist. Über den gesamten Prozess bis hierhin haben Sie aber auch gemerkt, WIE dieser Prozess abgelaufen ist. Wie wurde mit Ihnen gesprochen? Wie wurde bisher Gesagtes und Vereinbartes eingehalten und umgesetzt? Haben Sie Lust, mit diesen Leuten in dieser erlebten Kultur, für das Gehalt, in dieser Position zu arbeiten? Niemand kann Ihnen diese Antwort geben, außer Sie selbst.

Vielleicht haben Sie mehrere Angebote vorliegen. Genau an dieser Stelle kann es sein, dass Sie doch vielleicht auf ein paar Euro verzichten, wenn Sie in ein Unternehmen kommen, in dem Sie als Person wahrgenommen werden. Die Gespräche sind auf der viel zitierten Augenhöhe abgelaufen und Sie haben den Eindruck, hier stimmen nicht nur das Gehalt und Zusatzleistungen, sondern auch das Team passt. Sie merken: Hier kann ich mich wohlfühlen. Gleichzeitig habe ich nicht den Eindruck, dass ich hier um jeden Euro heruntergehandelt geschweige denn ungleich behandelt werde und es gibt ein gemeinsames Bild für meine Karrieremöglichkeiten. Das heißt nicht, dass Sie sich nicht adäquat bezahlen lassen sollen. Aber: Wenn Sie mit einem Unternehmen sprechen, bei dem Sie denken: „Ups, hier könnte es zwischenmenschlich anstrengend werden", dann überlegen Sie, ob es Ihnen das überhaupt wert ist und wenn ja, wie viel mehr das Unternehmen Ihnen dafür an anderer Stelle geben muss. Im Folgenden skizziere ich die Szenarien, die sich aus Ihrem Gehaltsgespräch ergeben könnten und welche Folgen diese mit sich ziehen.

Sie sind sich einig

Egal, ob es sich um eine Gehaltsverhandlung zum Einstieg in einen Job oder um ein Gehaltsanpassungsgespräch handelt, am Ende des Gesprächs ist es sinnvoll, Ihr Verständnis noch einmal zusammenzufassen. Gut funktioniert das, wenn Sie sich im Gespräch die wesentlichen Punkte notiert haben. Damit fällt eine Zusammenfassung deutlich einfacher.

Um auf Nummer sicher zu gehen, schicken Sie diese Zusammenfassung im Nachgang zum Gespräch an Ihre Gegenüber. Nicht alles muss in den Arbeitsvertrag aufgenommen werden oder als Vertragsänderungen formal festgehalten werden. Wenn es um grundsätzliche Vereinbarungen zum Einstieg geht, wie etwa die Höhe des Fixgehalts, Boni, Urlaubstage etc., sollte dies auf jeden Fall aufgenommen werden. Eine Vereinbarung für die nächste Weiterbildung oder auch eine Homeoffice-Nutzung kann durchaus auch mal per E-Mail dokumentiert werden. Je nach Kultur des Unternehmens reicht auch ein Handschlag. Das werden Sie wissen, gerade wenn es um eine Gehaltsanpassung geht.

Eine Einigung nach Ihren Vorstellungen sollten Sie auf jeden Fall feiern – am besten im Freundeskreis und / oder Ihrer Familie oder in Ihrer Partnerschaft. Stoßen Sie an, lassen Sie sich und Ihre Erfolge feiern und teilen Sie Ihre Erfahrungen und Ihr Erfolgsrezept!

Sie sind sich (noch) nicht einig

Auf keinen Fall sollten Sie sich unter Druck setzen (lassen). Sie brauchen nicht das erste Angebot annehmen. Vielleicht braucht es einfach ein wenig Abstand, sodass alle Beteiligten einmal drüber schlafen können oder sich zu den Vorschlägen mit anderen austauschen können. Dann können eine Vertagung und ein nächster Termin sinnvoll sein. Bringen Sie auf jeden Fall auch hier das Ergebnis und die Vereinbarungen Ihres Treffens auf den Punkt und fassen Sie zusammen, worauf Sie sich bereits geeinigt haben. Es ist überhaupt kein Thema, sich noch etwas Zeit auszubitten, eine Nacht drüber zu schlafen oder die Verhandlung zu vertagen. Nutzen Sie diese Möglichkeiten: Ein wenig Abstand hat schon in viele Verhandlungen neuen Schwung gebracht.

Wenn Sie sich beim Fixgehalt nicht einigen können, dann erfragen Sie, welche Leistungen erbracht werden müssten, damit Sie das Niveau erreichen, das Sie sich vorstellen. Bei einem neuen

Job kann das ein Indikator sein, wie weit das aktuelle Angebot von Ihrem Ziel entfernt liegt und Sie können entscheiden, ob Sie die Ziele erreichen können und / oder Sie sich die Zeit nehmen wollen, den Weg bis dahin zu gehen.

Sie sollten sich auf jeden Fall erläutern lassen, welche Leistungen zu erbringen sind, um das nachgefragte Gehaltslevel zu erreichen. Erfragen Sie, welche Unterstützung – wie Weiterbildungen – Sie vom Unternehmen auf dem Weg dorthin erhalten und denken Sie daran, einen Termin zu vereinbaren, wann die Leistungen überprüft werden können.

Grundsätzlich gilt: „Nach der Gehaltsverhandlung ist vor der Gehaltsverhandlung!" Also, wenn nicht sowieso schon regelmäßige Gehaltsgespräche vom Unternehmen aus initiiert werden, dann sorgen Sie dafür, dass Sie mit Ihrer Führungskraft mindestens einmal im Jahr über Ihr Gehalt und gerne zweimal pro Jahr über Ihre Leistungen sprechen.

Ich habe Frauen kennengelernt, die seit mehreren Jahren kein Gehaltsgespräch hatten, aber regelmäßig mehr Verantwortung und Aufgaben übernommen haben …

Sie werden sich nicht einig

Auch das kann passieren. Sie liegen einfach zu weit auseinander – aus welchen Gründen auch immer. Sie finden vielleicht das Unternehmen / die Abteilung / die Aufgabe super interessant und das Team absolut sympathisch, aber das Gehalt liegt unter Ihrem Minimum. Dann gilt es, die Situation professionell und freundlich zu beenden. Nur weil Sie ein Angebot haben, müssen Sie es nicht annehmen.

Bei vielen Frauen kommt in solchen Situationen die Harmonieorientierung zum Tragen. Sie beginnen, an sich zu zweifeln und laufen Gefahr, sich unter Wert zu verkaufen. Sie sagen sich vielleicht: „Ich kann jetzt nicht ablehnen, was denken die von mir, da kann ich mich ja nie wieder blicken lassen." Oder: „Vielleicht haben die ja doch recht und ich bin zu fordernd?" Schütteln Sie sich geistig, gehen Sie auf Ihre Gegenüber zu und sagen Sie wertschätzend, wie es ist: „Ich finde die Aufgabe super spannend, das Team außerordentlich sympathisch, aber das Gehalt liegt leider deutlich unter dem, was ich mir vorstelle. Das ist jetzt für alle Beteiligten unschön, weil wir viel Zeit und Energie in den Prozess gesteckt haben. Allerdings wäre niemandem geholfen, wenn ich starte und ständig mit dem Gehalt unzufrieden wäre. Lieber ist mir hier ein sauberer Cut und es würde mich freuen, wenn wir uns vielleicht in Zukunft an einer anderen Stelle noch einmal wiedersehen und dann vielleicht zusammenkommen. Ich würde es sehr begrüßen, wenn wir uns in der Zwischenzeit über die sozialen Netzwerke verbinden. Ist das auch in Ihrem Interesse?"

Auf jeden Fall setzen Sie sich wieder in Ihrem Freundeskreis zusammen, köpfen einen Champagner und überlegen, was gut gelaufen ist und was Sie das nächste Mal anders machen wollen.

Ansonsten nehmen Sie es wie ein Mann ;-): aufstehen, schütteln, sich bewusst machen, was Sie sehr gut gemacht haben und einen Plan für das nächste Mal entwickeln. Wieder üben, Feedback geben lassen und auf ein Neues! Wenn es ganz furchtbar läuft, in die weibliche Trickkiste greifen und … lächeln und winken! ;-)

Auf jeden Fall den Humor behalten!

KAPITEL 3

WEITERE KARRIERETIPPS

NACH DEM GEHALTSGESPRÄCH IST VOR DEM GEHALTSGESPRÄCH – GRUNDSÄTZLICHE KARRIERETIPPS

Be prepared

Die Zeit zwischen Gehaltsgesprächen ist wertvoll, um Erfolge zu sammeln, z.B. mit einem Erfolgstagebuch. Notieren Sie regelmäßig Ihre beruflichen Erfolge wie erfolgreiche Projekte, Kosteneinsparungen, Weiterbildungen, Sonderaufgaben, zusätzliche Verantwortungen, neue Kunden, die Sie gewonnen haben, neue Ideen und Vorschläge, die eine positive Wirkung hatten, einen Konflikt, den Sie gelöst haben ... schreiben Sie lieber mehr als weniger auf. Einige kombinieren die Erfolge mit dem, was sie dabei gelernt haben.

Darüber hinaus können Sie Feedback sammeln. Was hat wer in Ihrer Organisation oder außerhalb zu Ihrer Arbeitsleistung gesagt?

NOTES

Meine letzten Erfolge:

Fangen Sie jetzt gleich an, schnappen Sie sich ein Blatt und überlegen Sie einmal für 20 Minuten – was fällt Ihnen ein? Wer hat Ihnen welche Rückmeldung gegeben?

Ausgleich von Geben und Nehmen
Machen Sie sich vor Ihrem nächsten Gehaltsgespräch klar: Sind Sie in der Zeit seit dem letzten Gehaltsgespräch in Vorleistung gegangen oder soll das Unternehmen in Vorleistung gehen? Wenn Sie z.B. mehr geleistet oder mehr Verantwortung übernommen haben, als eigentlich vereinbart, dann geht es um einen Ausgleich für das, was Sie schon gegeben haben. Wenn Sie im Zuge des Gesprächs gebeten werden, mehr Verantwortung und oder Aufgaben zu übernehmen, dann ist die Frage: „What is in for me?" Das ist überhaupt eine Frage, die wir Frauen uns öfter stellen sollten. „Was ist mein Ausgleich, wenn ich etwas tue?"

Zeitpunkt
Wenn es keine offiziellen Termine für Gehaltsgespräche gibt, gilt es, sich Termine zu schaffen. Mindestens einmal pro Jahr sollte über Ihre Leistungen und damit auch über das Gehalt gesprochen werden. Ein guter Zeitpunkt, ein Gespräch zu vereinbaren, ist kurz nach bzw. kurz vor Ende eines erfolgreichen Projekts. Prinzip: „Ich habe einen konkreten Erfolg vorzuweisen, das heißt ich bin schon in Vorleistung gegangen, jetzt muss das Gehalt folgen." Spätestens, wenn Sie mehr Verantwortung übernehmen, sei es bezogen auf Ihre Aufgaben oder auch auf die fachliche oder disziplinarische Führung, ist es Zeit, über eine Gehaltsanpassung zu sprechen. Auslöser können auch Einsparungen sein, die Sie für die Firma erreicht haben oder die Lösung sehr kritischer Situationen.

Sichtbarkeit zwischen den Gesprächen sicherstellen und Chancen ergreifen
Sorgen Sie in Ihrem daily business für Sichtbarkeit. Kommunizieren Sie Ihre Erfolge bei Ihrer Führungskraft, in Ihrer Abteilung, in Ihrem Unternehmen. Das kann sowohl in Meetings, in der Kaffeeküche oder über Team-Kommunikationsmedien wie MS Teams oder Yammer erfolgen. Letzteres wird immer populärer

und hier haben diejenigen, die ein Händchen für eine charmante Selbstdarstellung in den Social Media mitbringen, die Nase vorn. Melden Sie sich direkt, wenn strategische Themen vergeben werden. Rufen Sie „hier", ergreifen Sie die Chance. Wenn Sie es nicht tun, ist im Zweifel ein Mann schneller. Wenn das Lieblingsthema Ihrer Führungskraft vergeben wird, können Sie glänzen und Ihre Kompetenzen zeigen. Schaffen Sie sich für strategisch wichtige Aufgaben Freiraum und übernehmen Sie weniger „Fleißbienchen-Aufgaben". Fragen Sie sich, welche Auswirkungen diese Aufgabe auf Ihre Reputation hat. Ist sie für Sie und Ihre Ziele förderlich? Was können Sie nutzen, um in Ihrem nächsten Gehaltsgespräch zu punkten?

Als ich eine Anfrage von der Hochschule München, von Frau Professor Wolf, erhielt und sie mich fragte: „Bieten Sie Trainings zu Gehaltsverhandlungen an?", habe ich mir gedacht: „Du sagst jetzt ‚ja'!" Obwohl ich in meinem Automatismus wahrscheinlich eigentlich „nein" gesagt hätte. Ich hatte ja noch kein fertiges Konzept in der Schublade. Ich habe zu mir gesagt: „Los, du hast die Erfahrung aus der Praxis, aus deinen Coachings, und du hast eine Trainerausbildung." Die nächsten Wochenenden habe ich durchgearbeitet, mir zusätzliche Fakten angelesen und ein Trainingskonzept erstellt. Ein schönes Beispiel für: „Sag ‚ja', auch wenn, du nicht schon alles zu 100% parat hast."

Vernetzen

Nutzen Sie Ihr Netzwerk nicht nur extern, sondern schmieden Sie auch im Unternehmen mit anderen Frauen Allianzen. Sorgen Sie gegenseitig dafür, gesehen zu werden. Machen Sie gegenseitig füreinander Werbung für Ihre außerordentlichen Leistungen bei den jeweils relevanten oder wichtigen Leuten. Lassen Sie sich gegenseitig gut dastehen und tauschen Sie sich zu gehaltsrelevanten Themen aus.

Tappen Sie nicht in die Falle „Es kann nur eine geben" und gehen Sie nicht in Konkurrenzkampf mit anderen Frauen. Davon würden nämlich nur andere – in der Regel Männer – profitieren. Sie würden beide in Schlammschlachten versinken, sich dort aufreiben und das bringt die Möglichkeit für andere, an Ihnen beiden vorbeizuziehen. Gerade wenn es nur wenige Frauen in Führung oder Verantwortung gibt, scheinen Männer in manchen Organisationen den Konkurrenzkampf regelrecht zu füttern, um bewusst oder unbewusst Allianzen unter Frauen zu vermeiden. Grundsätzlich hilft ein Netzwerk von Menschen, die Sie mit relevanten Informationen versorgen, Ihnen Türen öffnen oder Entscheidungen treffen können. Ein strategisch-zielorientierter Ansatz ist hier hilfreich. Viele Frauen sind nur beziehungsorientierte Netzwerkerinnen, die sich mit anderen ausschließlich aufgrund von Sympathie verbinden. Daran ist nichts Verwerfliches, allerdings hilft Diversität auch hier auf dem Weg zum Erfolg. Das bezieht sich dabei nicht nur auf die Diversität von Geschlechtern, sondern auf alle beschriebenen Punkte. Netzwerken Sie

- im Unternehmen und außerhalb
- geschlechts- und funktionsübergreifend
- in Ihrem Fachthema und außerhalb
- hierarchisch nach oben, unten und zur Seite
- strategisch-zielorientiert und beziehungsorientiert.

> There is a special place in hell for women
> who do not help other women.
>
> MADELEINE ALBRIGHT

WORAN ERKENNEN FRAUEN FÜR SIE INTERESSANTERE UNTERNEHMEN?

Sich gut auf Gehaltsverhandlungen vorbereiten, Strategien entwickeln und die Gespräche erfolgreich führen ist das eine. Das andere ist: In welchem Kontext passiert das? Es macht einen Unterschied, ob Unternehmen sich mit der Genderthematik auseinandersetzen oder nicht. Ich werde immer wieder gefragt, woran ich Unternehmen erkenne, die für mich als Frau interessant sind. Dazu ein paar Gedanken: der AllBright-Bericht „Die Macht der Monokulturen" hat eine weiße, graue und schwarze Liste erstellt, die einen Überblick zum Stand der Vielfalt der Vorstände von deutschen Börsenunternehmen gibt.

Man kann natürlich nicht in die Köpfe einzelner Personen oder Teams schauen, wer welche Vorstellungen von Männern und Frauen hat. Was Sie aber machen können, ist, sich ein Bild bei Ihrer Recherche zum Unternehmen zu machen und in Gesprächen Fragen zu stellen.

GOOD TO KNOW

Ab 30% Diversität, heißt es, reproduzieren sich Systeme divers, sind erfolgreicher und die homosoziale Reproduktion bzw. der sogenannte Thomas-Kreislauf endet.

- Wie sieht die aktuelle Verteilung der Geschlechter auf der ersten Führungsebene aus? Gibt es mindestens eine 30%-Frauen-Verteilung im Management?
- Wenn nicht, gibt es Stellungnahmen vom Management zum Thema „Förderung von Frauenkarrieren"?
- Wie sieht es auf der zweiten oder dritten Führungsebene mit der Geschlechterverteilung aus?
- Gibt es konkrete Ziele für die Verteilung der Geschlechter?
- Hat das Unternehmen Programme wie Mentoring oder gibt es unternehmensinterne Netzwerke für Frauen?
- Sind Gehaltsmodell und Zusatzleistungen transparent?

Darüber hinaus können Sie in Ihren Gesprächen erfragen:
- Wie stellt das Unternehmen einen genderneutralen Beförderungsprozess sicher?
- Wie vergibt die Führungskraft strategische Aufgaben?

- Gibt es Trainings, um alle Mitarbeitende und speziell Führungskräfte für Genderstereotypen / Unconscious Bias zu sensibilisieren?
- Werden die Gehälter von Frauen und Männern in gleichen Positionen regelmäßig auf Gleichheit geprüft?
- Gibt es neben transparenten Gehaltsmodellen auch transparente Gehaltsbänder?

Wenn immer mehr Frauen diese Themen ansprechen, wird sich etwas in den Unternehmen ändern. Denn Fragen benötigen Antworten. Wenn Unternehmen noch keine Antworten haben, wird ihnen zunächst deutlich vor Augen geführt, dass es hier einen Nachholbedarf gibt. Damit wird Aufmerksamkeit auf diese Themen gelenkt und gleichzeitig wird idealerweise ein Reflexions- und Diskussionsprozess angestoßen, um Antworten zu finden. Das sind Grundvoraussetzungen für Veränderungen.

Women are the largest untapped reservoir of talent in the world.

HILLARY CLINTON

GENDER-FORMEL

G	Gender Pay Gap kennen & Genderstereotypen verstehen	21% bzw. 6% verdienen Frauen im Durchschnitt weniger als Männer, arbeiten die zweite Schicht im Haushalt. „Think Manager Think Male“ und wenn Frauen fordern, geht die Sympathie flöten.
E	Eigene Einstellungen prüfen & Entwicklungsfelder bearbeiten	Diamonds are the girls best friends und wie viel Harmonie / Perfektion / Sichtbarkeit / ... brauche ich, um mich wohlzufühlen UND voranzukommen?
N	Negotiation-Set aufbauen & Nicht aus der Ruhe bringen lassen	Vorbereitung ist (fast) alles! Ich weiß, was ich beruflich und privat will! Ich kenne mein Angebot und meinen Preis! Ich habe Top-Argumente und falle nicht gleich um, wenn es Gegenwind gibt, sondern atme tief ein und aus, nehme meine Haltung ein und freue mich, dass das Spiel beginnt.
D	Dilemma auflösen & Durchsetzen auf die weibliche Art	Ich kann hart verhandeln und sorge u.a. mit dem Fürsorgeaspekt für eine hohe Akzeptanz meiner Forderungen. Ich sorge damit für andere, mich selbst und mein Bankkonto.
E	Erkenntnisse konsolidieren & eigenen Weg finden	Ich habe einen Plan für mein Gehaltsgespräch, meine Karriere, nutze die „weiblichen Tugenden“ für meinen beruflichen Weg und habe ein unterstützendes Netzwerk mit anderen Frauen. We are Business Ladies!
R	Redekunst einsetzen & rhetorisch glänzen	„Eine Orange für Saft und Kuchen“ und nur mal angenommen, du kennst das Spiel, es funktioniert sehr gut und bringt sogar Spaß.

INSIGHTS VON BUSINESS FRAUEN

DEN BLICK VON STUDENTINNEN SCHÄRFEN

Prof. Dr. Elke Wolf
(Frauenbeauftragte der Hochschule München)

Als Professorin sehe und unterrichte ich viele Studentinnen. Gleichwohl ist es nicht leicht, die Einstellungen dieser jungen Frauen zur Geschlechterthematik zur erkennen. Auf den ersten Blick scheinen Studentinnen heutzutage ihr eigenes Handeln vermehrt als geschlechtsneutral wahrzunehmen. Das Thema eher abwertende Kommentare wie „Gender brauch ich nicht, ich habe doch gute Noten" oder „Selbst ich als Frau finde diese Gender-Sache völlig übertrieben" sind keine Seltenheit. Gleichzeitig jedoch deutet ihr Verhalten darauf hin, dass ihre Handlungen und Entscheidungen nach wie vor von vorgefertigten und eher klassischen Vorstellungen von „Frauen" und „Männern" beeinflusst werden.

So lässt sich innerhalb von universitären Projektteams beispielsweise beobachten, dass sich die jungen Frauen deutlich häufiger vor der Präsentation ihrer Ergebnisse „drücken" und den männlichen Kommilitonen den Vortritt lassen. Gleichzeitig übergehen diese Männer eher die Gesprächsbeiträge von zurückhaltenden Frauen, was diese in der Regel ohne irgendeine Gegenstrategie akzeptieren. In meiner Rolle als Frauenbeauftragte der Hochschule München ist es aber sehr wichtig, den persönlichen Blick der Studentinnen auf ihre eigenen beruflichen Herausforderungen zu kennen. Nur so kann die Hochschule passgenaue Angebote zur Förderung von Studentinnen entwickeln. Daher haben die Frauenbeauftragten der Hochschule München im Jahr 2016 eine Befragung durchgeführt, mit der die Bewertung der Chancengleichheit in Studium und Beruf sowie die latenten Einstellungen und geschlechtsspezifischen Rollenmuster der Studierenden transparent gemacht werden konnte (siehe hierzu auch Wolf 2019).

Die Ergebnisse zeigen, dass Studentinnen eindeutig der Meinung sind, dass weibliche Führungskräfte im Berufsleben weniger akzeptiert werden als ihre männlichen Kollegen. Nur knapp 40% der Studentinnen stimmen der Aussage zu, dass weibliche Vorgesetzte gut akzeptiert werden. Hingegen zweifeln weder Studentinnen noch Studenten daran, dass männliche Vorgesetzte gut akzeptiert werden. Diese Einschätzung könnte erklären, warum die Studentinnen ebenfalls davon ausgehen, dass Frauen deutlich seltener eine Führungsposition in einem Unternehmen anstreben. Ein weiteres Ergebnis: Studentinnen sind überwiegend der Meinung, dass die Leistungen von Männern im Beruf besser bewertet werden als die von Frauen und dass Frauen entsprechend seltener gefördert und befördert werden. Insgesamt scheinen die Studentinnen sich der besonderen Situation von Frauen im Beruf, insbesondere in Führungspositionen, sehr wohl bewusst zu sein.

Wie mit diesen Herausforderungen umgehen? Zwei Strategien bieten sich an. Option eins: Frauen können sich perfektionieren, Spitzenleistungen zeigen und dadurch versuchen, den Männern den Rang abzulaufen. Option zwei: Frauen fordern mutig, charmant und selbstbewusst die finanzielle und persönliche Wertschätzung ein, die ihnen zusteht. Dies würde allerdings voraussetzen, dass sie sich früh in Ihrem Berufsleben und während des Studiums intensiv mit Geschlechterunterschieden und deren Ursachen, geschlechtsspezifischen Stereotypen und den versteckten Karrierehürden von Frauen auseinandersetzen. Während im Studium die erste Option für die Studentinnen ausreicht, um erfolgreich zu sein – die Bewertung von Prüfungsleistungen unterliegen in der Regel klaren objektiven Kriterien –, garantiert dieses Vorgehen beim Einstieg in das Berufsleben nicht automatisch auch ein angemessenes Gehalt, eine schnelle Beförderung oder eine attraktive Aufgabe im Unternehmen.

Als Frauenbeauftragte versuche ich dazu beizutragen, dass die Studentinnen von heute diese Erkenntnis nicht erst nach der ersten Kinderpause machen. Sie sollten sich schon während der Hochschulzeit mit dem Thema „Geschlechter-un-gleichheit im Berufsleben" beschäftigen, um später nicht ganz blauäugig in die ersten Gespräche beispielsweise über Karrierechancen und Gehaltsvorstellungen zu „stolpern". Ich habe allerdings den Eindruck, dass viele Studentinnen auch gegen Ende ihres Studiums immer noch die meiste Zeit in die Option „Perfektioniere deine Leistungen!" investieren. Die Hausarbeiten sind hervorragend. Aber die Frage, was sie in ihrem ersten Job verdienen wollen und wie sie ihre Präsenz in Teammeetings steigern können, wird oft vernachlässigt oder sogar ignoriert.

Prof. Dr. Elke Wolf ist seit 2005 Professorin für Volkswirtschaftslehre an der Hochschule München beschäftigt sich seit ihrer Promotion mit der Situation von Frauen am Arbeitsmarkt. Seit 2017 ist sie Frauenbeauftragte der Hochschule und versucht die wissenschaftlichen Erkenntnisse aus der Arbeitsmarktforschung in die praktische Gleichstellungsarbeit zu integrieren.

AUS ERFAHRUNGEN KLUG WERDEN

Tanja Horn (Führungskraft bei BMW)

Der Unterschied, der einen Unterschied macht: Männer sind anders. Frauen auch. Und das ist gut so. Dennoch empfiehlt es sich, voneinander zu lernen. Für mich heißt das, genau zu beobachten und bewusst zu agieren. Vor einiger Zeit hatte ich parallel zwei

Praktikanten bei mir im Team, einen Studenten und eine Studentin. Beide brachten ähnliche Leistung und ähnlich gute Arbeitsergebnisse. Der Student wurde allerdings von den meisten Chefs in unserem Bereich als engagierter, fähiger und kompetenter eingeschätzt als die Studentin. Was war geschehen? Der junge Mann stand mehrmals am Tag an meinen Schreibtisch und erzählte mir, an was er gerade arbeitete, wie so der Stand war und was er als nächstes tun würde. Ich hatte das nie verstanden und dachte mir immer „Gut. Warum erzählst du mir das? Komm doch einfach wieder, wenn die Arbeit fertig ist." Aber das gleiche tat er auch bei den Chefs und Chef-Chefs, während seine Kollegin einfach fleißig ihre Arbeit machte, ihre Probleme löste und irgendwann ein gutes Ergebnis ablieferte. Ein befreundeter Referent brachte es auf den Punkt: „Männer sprechen einfach über das, was sie tun, welche Hindernisse sie geschickt aus dem Weg geräumt und was sie schon geleistet haben. Frauen kommen nur dann, wenn es Probleme gibt oder wenn die Arbeit erledigt ist. Bei Letzterem verlieren sie jedoch keine großen Worte. Dadurch wird ihre Leistung nicht sichtbar oder – viel schlimmer – sie wirken kompliziert und anstrengend, da sie immer nur mit Problemen kommen …"

Und jetzt? Schritt für Schritt versuche auch ich, aus diesem weiblichen Schema rauszukommen und mehr darüber zu sprechen, woran ich gerade arbeite und welche Hürden ich erfolgreich meistere. Verhalten zu ändern, ist gar nicht so einfach, aber es geht. Man muss nur üben, üben, üben. Beispielsweise nehme ich in Terminen bewusst Raum ein. Ich verteile meine Utensilien auf dem Tisch und achte auch beim Sitzen darauf, dass ich möglichst präsent und raumeinnehmend bin. Damit wird Status signalisiert. Zudem erwähne ich nun bei Kennenlernterminen ganz bewusst, aus welcher Studienrichtung ich komme. Ich tue das ganz beiläufig und beobachte die Reaktionen. „Ich habe Mathematik mit Nebenfach Physik studiert." Pause. Meist schaue ich dann in erstaunte männliche Gesichter. Wenn mein Gegenüber die Sprache wiedergefunden hat, kommt oft: „Mathematik? Das ist doch sehr ungewöhnlich?" Ich denke dann bei mir: Ja, ist es das? Ich habe einfach nur das gemacht, was mir Spaß machte. Ich persönlich finde das nicht ungewöhnlich. Wäre das bei einem Mann auch so? Würde man ihm dieselben Fragen stellen? Wahrscheinlich nicht.

So einfach es klingt, es war ein langer Weg. Ich habe als Spezialistin für Datenanalysen angefangen. Es ging Stück für Stück vorwärts. Mittlerweile bin ich seit mehreren Jahren in unterschiedlichsten Funktionen als Führungskraft tätig. Ich habe viel aus meinen Erfahrungen gelernt und von meiner Mentorin lernen dürfen. Daher ist es mir heute besonders wichtig, ebenfalls mein Wissen an meine Mentees weiterzugeben. Denn nicht jede Erfahrung muss man selbst machen.

So bin ich in die Falle getappt, in die viele Frauen tappen. Und das sogar mehrfach. In Schule und Uni haben wir gelernt, dass sich Anstrengung und gute Leistung automatisch auszahlen. Somit gehen wir davon aus, dass dies in Unternehmen auch so ist. Wir merken daher nicht, dass sich unsere männlichen Kollegen meist vom ersten Tag an mit dem Beurteilungs-, Vergütungs- und Beförderungssystem beschäftigen und damit arbeiten. Hierzu nutzen sie den Austausch mit Kollegen oder ihren Mentoren. Vermutlich wäre mir das bis heute nicht aufgefallen, wenn es mir damals – ich war zu dieser Zeit bereits vier Jahre im Unternehmen – nicht mein Gruppenleiter zufällig im Rahmen eines Beurteilungsgesprächs erzählt hätte. Ungefähr acht Jahre später – ich war schon seit einigen Jahren Gruppenleiterin und damit außertariflich – lernte ich, dass es leider nicht ausreicht, die Systematik verstanden zu haben. Ansonsten hätte meine damalige Chefin keinen Anlass gehabt zu fragen: „Sagen Sie mal, Frau Horn, warum verdienen Sie eigentlich so wenig? Sie liegen ziemlich unter dem Durchschnittsgehalt eines Gruppenleiters." Ich war sehr verwundert, da ich mich ja eingehend mit dem Thema beschäftigt hatte und dachte, dass alle annähernd gleichmäßig bedacht wurden. Schließlich waren die Beurteilungen immer gut bis sehr gut gewesen. Mein Fehler damals: Ich hatte mich nur mit dem Tarifsystem auseinandergesetzt, nicht aber mit den Strategien und Mechanismen der Gehaltsfindung im außertariflichen Bereich. Und ich hatte etwas Wichtiges vergessen: Ich hatte mein Gehalt nie mit dem meiner Kollegen verglichen. Denn schließlich spricht man ja nicht über Geld und glaubt, „gute Leistung würde sich schon auszahlen".

Seit diesem Zeitpunkt weiß ich, dass man auch in Unternehmen, in denen es feste Beurteilungs- und Vergütungssysteme gibt, für sich verhandeln und gelegentlich auch kämpfen muss. Kein einfacher Lernprozess. Bis heute begleiten mich die Fragen: „Was bin ich im Unternehmen, was bin ich im Vergleich zu den anderen, und was bin ich mir wert?" „Wie kommuniziere ich diesen Wert im Gespräch?" „Wie schaffe ich es letztlich, bei den Verhandlungsgesprächen meine Position klug und engagiert zu vertreten und meine ‚frau' zu stehen?"

Tanja Horn hat Mathematik mit Nebenfach Physik studiert und ist seit 2002 bei BMW tätig, in verschiedenen Ressorts, unterschiedlichsten Organisationsformen und Funktionen. Sie kennt die Konzernwelt aus Perspektive der Mitarbeiterin, der Projektleiterin und der Führungskraft. Seit 2013 ist sie nebenberuflich als Coach und Trainerin tätig. Ihr Schwerpunkt liegt dabei auf der Führungskräfteentwicklung mit dem Ziel über „Powerful Leadership" Führungskräfte fit und stark für den Wandel zu machen.

MEIN ERFOLGS„GEHEIMNIS": FOKUSSIERUNG UND SELBSTVERTRAUEN

Petra Erner **(PR- und Marketingberaterin)**

Seit nunmehr 15 Jahren arbeite ich als selbstständige PR- und Marketingberaterin in Utting am Ammersee. Von Anfang an habe ich meine Zielgruppe extrem eingeschränkt: Ich arbeite nur für Kunden im Business-to-Business-Sektor aus den Bereichen Software, High-Tech und Industrie (Maschinenbau). Für Kunden aus diesen Bereichen übernehme ich Pressearbeit und Presseberatung, positioniert im Gesamtumfeld des Marketings. Wenn ich mit anderen über meine Arbeit und über Erfolg spreche, stoße ich auf viel Erstaunen: „Bist du nicht zu sehr fokussiert, zu eng aufgestellt? Gibt es denn in der Ammersee-Region überhaupt genügend Kunden für dich?" Und ob. Meine Erfahrung und die Rückmeldungen meiner Kunden zeigen mir, dass genau dieser extreme Fokus einen wichtigen Teil meines Erfolgs ausmacht. Und regionale Beschränkung gibt es für mich sowieso nicht. Anfragen bekomme ich aus ganz Deutschland oder auch mal aus dem Ausland. Ich habe mir eine Marktnische geschaffen, die meine ganz eigenen Stärken kombiniert: ein ausgeprägtes Faible für Technik, profundes PR-Know-how und viel Spaß an und Talent für Kommunikation.

Mein Vorgehen im Kundenkontakt: Ich nehme mir viel Zeit, einen potenziellen Kunden genau unter die Lupe zu nehmen. Entspricht das Unternehmen meinem Themengebiet, kann ich hier wirklich helfen? Und das liebe Geld? Meine Leistung hat ihren Preis, den ich schnörkellos und transparent kommuniziere. Manchen Gesprächspartnern sind meine Leistungen zu teuer. Aber ich verhandle nicht über meine Pauschalen oder Stundensätze. Wenn meine Gesamtbudgetkalkulation zu hoch ist, biete ich gerne eine Verringerung der Anzahl von Leistungen an. Das können dann etwas weniger Pressemitteilungen oder Fachartikel sein. Aber auch diese Reduktion hat Grenzen, denn um ein Unternehmen erfolgreich in die Fachmedien zu bringen, braucht es halt eine gewisse „Schlagzahl". Das weiß ich aus meiner langjährigen Erfahrung. Und das verstehen und fordern auch meine aktuellen Kunden. Und wenn es nur um das Geld geht – „Geht es nicht auch ein bisschen günstiger?" –, dann passen wir eben nicht zusammen. Ich will gar keine Kunden, die die Bedeutung von PR nicht sehen oder die meine Leistungen nicht honorieren – im wahren Wortsinn.

Nicht in fremden Gehegen wildern. Ich will auch keine Kunden, die nicht in meinen Fokus passen. Dann sage ich sofort Nein.

Auch wenn der Auftrag erst einmal verlockend klingt. Denn wenn ich meinen Fokus verlasse, betrete ich eine Region, in der nicht ich die „Nummer eins“ bin – sondern sicher jemand anderes. Denn auch die guten Mitbewerberinnen und Mitbewerber fokussieren sich. Gut oder unter den Besten sein zu wollen heißt auch Grenzen setzen. Oder um im Bild zu bleiben: Ich wildere nicht in fremden Gehegen. Lieber gebe ich den Auftrag weiter und pflege damit mein Netzwerk.

Petra Erner startete ihr Berufsleben in einer Werbeagentur und studierte dann European Business. Sie übernahm Leitungsfunktionen im Tourismus und im Handel, bevor sie für die Stadt München Marketing und PR für den Wirtschaftsstandort betrieb. Als Teamleiterin und Etatdirektorin des Bereiches „Industrial Solutions“ in einer internationalen Kommunikationsagentur konnte sie ihr Faible für Technik und Kommunikation ausleben. Noch in der Elternzeit für ihren Sohn machte sie sich 2005 in Utting am Ammersee mit dieser Fokussierung selbstständig. 2011 kam noch eine Tochter hinzu. www.petra-erner.de

ERFAHRUNGEN ALS BERATERIN

Simone Conrad (Abteilungsleitung Projekte & Lösungen)

Nach ersten Jahren bei einer kleinen IT-Beratungsfirma mit eher mäßigem Gehalt und noch mäßigeren Themen wollte ich den Sprung in die spannendere und deutlich besser bezahlte Managementberatung schaffen. Ich war vorbereitet auf Inhalte, die klassischen Bewerberfragen und natürlich meinen Gehaltswunsch. Doch die Frage nach dem Gehalt kam gar nicht. Stattdessen fragte mich der Geschäftsführer: „Wie hoch ist denn Ihr aktueller Tagessatz?“ Also nicht mein Gehaltswunsch war von Interesse, sondern welchen Umsatz er mit mir bei den Kunden realisieren konnte!

Mist, daran hatte ich nicht gedacht. Wenn ich nun meinen tatsächlichen Tagessatz aus der kleinen IT Firma nennen würde, wäre deutlich, dass ich bislang in einem völlig anderen – bescheideneren – Umfeld tätig war. Ob ich dann noch Chancen auf den

Job hätte? Was ich geantwortet habe? Ich verdoppelte gedanklich meinen tatsächlichen Tagessatz und nannte eine Bandbreite „von bis", die ich mit der unterschiedlichen Länge und Bedeutung von Projekten argumentierte. Das war aus dieser neuen Perspektive auf meine bisherige Tätigkeit durchaus ehrlich geantwortet. Und hatte zudem Erfolg: Ich bekam den Job und das passende höhere Gehalt gab's dann fast von allein dazu.

Mir ist vor allem bewusst geworden, dass es das eine ist, zu wissen, welches Gehalt ich persönlich möchte und was mich besonders qualifiziert. Genauso wichtig ist es, mir Gedanken darüber zu machen, welchen Wert die ausgeschriebene Position im Unternehmen hat, welchen Beitrag ich für diese Position bringe, was ich also dem Unternehmen Wert sein kann.

Als zweite wesentliche Erkenntnis habe ich über die Jahre in meiner Rolle als Führungskraft gelernt, dass Gehaltsverhandlungen im Grunde genauso funktionieren wie andere Verhandlungen auch. Wenn ich eine langfristige Zusammenarbeit anstrebe, geht es in Verhandlungen darum, ein Ergebnis zu erzielen, das die Ziele beider Seiten möglichst gut abdeckt. Voraussetzung dafür ist natürlich, die eigenen Ziele und Grenzen zu kennen. Ein spielerischer Umgang mit Verhandlungen und Herausforderungen hilft mir dabei, die gesetzten Ziele auch zu verfolgen und mit der richtigen Mischung aus Freundlichkeit und Klarheit daran festzuhalten. Noch wichtiger zur Zielerreichung ist es allerdings, die Ziele und Rahmenbedingungen des Gegenübers zu kennen! Bei Gehaltsgesprächen also die ungefähre Gehaltsspanne und Argumentation des möglichen Arbeitgebers oder der eigenen Führungskraft.

Wesentlich für den gewünschten Erfolg ist aus meiner Sicht auch mit der nötigen Lockerheit und einer positiven Grundstimmung in Gehaltsgespräche zu gehen und Gehaltsforderungen auf sachliche Argumentationen aufzubauen. Das lässt sich üben. Viel ist im Fluss und verändert sich zum Positiven. Beispielsweise habe ich schon lange nicht mehr die manchmal weiblichen Mitarbeiterinnen zugeschriebene Verhaltensweise erlebt, gar nicht erst nach dem Gehalt zu fragen oder darauf zu vertrauen, dass die Führungskraft die eigene Leistung schon entdecken wird. Und das ist auch gut so!

Simone Conrad führte als IT- und Managementberaterin zahlreiche Projekte mit strategischem Fokus gemeinsam mit ihren Kunden zum Erfolg. Als Führungskraft prägte und entwickelte sie das Competence Center IT Management einer mittelständischen Managementberatung. Heute verantwortet Frau Conrad als Abteilungsleitung das Projektportfolio des ITDZ Berlin, dem zentralen IT Dienstleister des Landes Berlin.

EIN LANGER, MÜHSAMER WEG LOHNT SICH

Silke (Produktmanagerin Logistik)

In der gleichen Firma, in der ich meine Masterarbeit geschrieben habe, bin ich als Berufsanfängerin als Produktmanagerin eingestiegen. Dazu hatte ich ein Gespräch direkt mit der Geschäftsführung, in dem ich meine Gehaltswünsche angebracht habe. Allerdings war dies das einzige Personalgespräch in den letzten fünf Jahren, das ich seitdem erlebt habe. Es gab weder ein Gespräch zum Ende der Probezeit noch regelmäßige Jahresgespräche. Weder die Personalabteilung noch mein Chef suchten jemals das Gespräch mit mir. Hinzu kam, dass sich mein direkter Vorgesetzter in den letzten fünf Jahren auch fünf Mal geändert hat. In den ersten Jahren nach dem Einstieg ist das Jahresgehalt automatisch immer ein bisschen angestiegen, bedingt durch Weihnachts- und Urlaubsgeld, das sich mit Betriebszugehörigkeit automatisch erhöhte.

Nach circa einem Jahr habe ich das Gespräch mit dem damaligen Vorgesetzen gesucht. Leider verlief dieses Gespräch so miserabel (beleidigend, entmutigend, unter der Gürtellinie), dass mir klar wurde, dass ich unter ihm als Chef niemals aufsteigen, noch eine Chance auf eine individuelle Gehaltsanpassung haben würde. Daraufhin habe ich mich bei anderen Firmen beworben und letztendlich hatte ich ein Angebot mit einem deutlich höheren Gehalt auf dem Tisch liegen. Genau in der Woche, in der ich mich entscheiden musste, ob ich das Wechselangebot annehme möchte, hat sich mein Chef erneut geändert. Beim neuen Chef hatte ich sofort ein gutes Gefühl, dass wir persönlich gut harmonieren würden, ich von ihm einiges lernen könnte und er mich fördern würde.

Parallel hierzu beschlossen mein Freund und ich, dass wir heiraten und auch die Kinderplanung nach der Hochzeit angehen möchten. Ich fragte mich, ist es ratsam in dieser Phase zu wechseln? Ich habe auf mein Bauchgefühl gehört und entschied mich dafür zu bleiben.

Das Thema Gehaltsanpassung habe ich von Anfang an bei meinem Chef thematisiert und er verstand meinen Wunsch. Da er von extern kam, es keine Personalbögen mit dokumentierten Erfolgen gab und er meine Arbeit nicht kannte, hat er sich ein paar Monate Einarbeitungszeit erbeten, wofür ich Verständnis hatte. Nach und nach wurde allerdings deutlich, dass er keine Chance hatte, mir eine Gehaltsanpassung zu verschaffen, obwohl er es wollte. Also war mir klar: Hier muss ich selbst ran.

Ich überlegte, wer in meiner Firma von meinen Tätigkeiten und Arbeitserfolgen wusste, eine Konstante der letzten Jahre war und die Entscheidungsmacht hatte, es zu ändern, auch wenn es nicht mein formaler Chef war. Da das Unternehmen familiengeführt ist, habe ich diese Person in der „Familienriege" gefunden. Prinzipiell ist diese Person mir weder fachlich noch disziplinarisch vorgesetzt. Diese Person habe ich, mit Wissen meines eigentlichen Chefs, auf das Thema angesprochen. Vorher überlegte ich mir, was für ein Typ Mensch mein Gesprächspartner ist. Da dieser ein „Zahlen, Daten, Fakten"-Mensch ist, habe ich eine Exceldatei erstellt, in der mein Verdienst der letzten fünf Jahre ersichtlich wurde und wo ich eigentlich hätte stehen sollen, bei einer jährlichen Anpassung von z. B. 3 %. Letztendlich hatte ich dann auch die Zusage, dass es zu einem Gespräch und einer Anpassung kommen würde. In dieser Zeit hat mein formal richtiger

Chef nochmals gewechselt. Gut also, dass ich nun mit der Konstante „Familienmitglied" bereits im Gespräch war.

Zudem wurde ich schwanger. Was nun? Wie soll ich eine Gehaltserhöhung erreichen, wenn ich schwanger war. Meine Devise: Möglichst lange geheim halten und möglichst schnell die Erhöhung in trockene Tücher bekommen. Aber irgendwann wurde das Geheimhalten anstrengend und stresste mich. Und Stress in der Schwangerschaft ist bekanntlich auch nicht gut. Nach langer Überlegung entschied ich mich für den offenen und ehrlichen Weg. Ich habe das Thema direkt angesprochen und mir wurde versichert, dass dies selbstverständlich keine Auswirkung auf die Erhöhung haben würde. Nun war es endlich soweit und ich hatte einen Termin für das Gespräch.

Nach einer intensiven Vorbereitung hat das Gespräch stattgefunden. Die Schwangerschaft habe ich sogar gewinnbringend beim Gespräch einsetzen können mit Argumenten wie „Trotz meiner guten Position erreiche ich nicht den Maximalbetrag Elterngeld" und „Ich koste der Firma während meines Mutterschutzes und der Elternzeit kein Geld – wir reden also nur noch von ein paar Monaten". Ich konnte tatsächlich eine zufriedenstellende Anpassung erreichen. Damit fühle ich mich nun angemessen entlohnt und gehe beruhigt in den Mutterschutz.

Es ist wichtig, von Anfang an auf Personalgespräche zu beharren. Falls es diese nicht automatisch gibt, sollte man sich selbst bemühen, seinen Fortschritt irgendwo dokumentiert zu wissen. Hartnäckigkeit bei der Forderung nach einem Gehaltsgespräch zahlt sich aus. Die Anfrage nach einem Gehaltsanpassungsgespräch sollte am besten schriftlich und nicht nur mündlich erfolgen.

Im Nachhinein hätte ich in den Anfangsjahren schon mehr auf eine Gehaltsanpassung drängen sollen, auch trotz des ständigen Chefwechsels.

Zudem sollte man querdenken, wenn man über den normalen Weg nicht weiterkommt. Welche Umwege oder Speziallösungen kann es geben? Wenn der formal richtige Chef nicht helfen kann, wer kommt sonst noch in Frage? Gibt es vielleicht außergewöhnliche und dennoch hilfreiche Argumente, z. B. bei einer Schwangerschaft? Auf den Charakter des Gesprächspartners eingehen, etwa mit der Erstellung einer Exceldatei zur Verdeutlichung des Gaps für den jahrelangen Ausfall durch mangelnde Anpassungen.

Außerdem hilft: bereits frühzeitig ein Netzwerk in der Firma aufbauen, versuchen herauszufinden, was die Kollegen verdienen, wie die Gehaltsstrukturen sind, welche Gehaltsgruppen es gibt … sich Tipps von anderen holen. Aber vor allem: Niemals aufgeben.

Silke, anonym

KIND & KARRIERE GEHEN – ABER …

***Hannelore Diertl-Deskovic* (Vice President HR)**

Kind und Karriere gehen, ja. Soweit zur vereinfachten Darstellung meiner Erfahrung. Allerdings: Kinder sind in Deutschland nach wie vor „Frauensache". Die Denke ist: Alle Frauen wollen Kinder und die Frauen bekommen die Kinder, dann ist es doch auch logisch, dass sich ausschließlich Frauen um die Kinder kümmern – und überhaupt braucht das Kind die Mutter mehr als den Vater. Im Klartext bedeutet das, Kinder und Karriere gehen, allerdings mit einem großen „Aber". (Es sei denn, man erwischt ein Exemplar von Mann, das bereit ist, die Verantwortung und Aufgaben für das Kind wirklich fifty-fifty zu teilen. Zum Glück gibt es das mittlerweile immer öfter.)

Und in der Tat habe ich mich oft gefragt, warum ich mir den ganzen Stress antun muss: Mal wieder völlig abgehetzt aus dem Büro zu spät bei der Tagesmutter ankommen, wohlwissend jetzt noch das Kind versorgen, mit dem Kind etwas spielen, ins Bett bringen, danach wieder an den PC, während die Wäsche läuft und am nächsten Tag wieder die mitleidigen Blicke der anderen Mütter, die sich nach dem Abgeben ihrer Kinder in der Krippe erstmal im Café getroffen haben … Das sind echte Nachteile, allerdings hat es auch Vorteile, Kind und Karriere zu vereinbaren: finanzielle Unabhängigkeit, Bereicherung über einen sinnstiftenden Job, Sozialkontakte, die über Kindergespräche hinausgehen, persönliche Weiterentwicklung, …

Was wäre gewesen, wenn ich es anders gemacht hätte und auch nur temporär aus dem Beruf ausgestiegen wäre mit anschließender Teilzeittätigkeit? Ich hätte meine Tätigkeit als Personalleiterin aufgeben müssen. Damals gab es solche Stellen nicht in Teilzeit und auch Themen wie Homeoffice und flexibles Arbeiten waren nicht üblich. Ich hätte mich allenfalls mit einem niederwertigen Job zufriedengeben müssen, mit geringerer Bezahlung. Zum Thema Bezahlung: Auch hier hat sich bereits viel getan, aber noch lange werden (arbeitende) Mütter nicht gleichbehandelt wie die Väter. Ich erinnere mich an ein Gespräch mit einem CEO während der jährlichen Gehaltsrunde, der bei der Diskussion um die Gehaltserhöhung eines Kollegen sagte: „Der hat gerade sein zweites Kind bekommen, dem sollten wir etwas mehr geben." Als wir weiter unten in der Liste zu einer anderen Kollegin kamen, sagte er: „Bei der verstehe ich gar nicht, warum sie überhaupt arbeitet mit ihren zwei Kindern, der Mann verdient doch, soweit ich weiß, sehr viel. Aber sie macht das wohl, weil sie Spaß daran hat." Die Kollegin bekam am Ende die Durchschnittserhöhung, obwohl sie im internen Vergleich (alles männliche Kollegen) ein niedriges Gehalt hatte. Diese und ähnliche Beispiele zeigen, dass es eben doch nicht so leicht ist, von den klassischen Klischees wegzukommen. Allerdings muss ich auch sagen, manchmal liefern auch die Frauen selbst Steilvorlagen für eine solche Einstellung. Nicht selten hatte ich in Tränen aufgelöste Mitarbeiterinnen vor mir sitzen, die sämtliche Klischees zu emotionalen Frauen, die Druck nicht aushalten und unprofessionell sind, bedient haben. Sie waren selbst der Meinung, dass sie ihren männlichen Kollegen nicht das Wasser reichen könnten. Oder Gehaltsgespräche mit Müttern, die mir sagten: „Ich bin so froh, dass ich hier so flexibel arbeiten und gehen kann, wenn mit den Kindern was ist, ich erwarte da gar keine große Erhöhung." Eine davon war Tag und Nacht erreichbar und arbeitete locker statt ihrer 15 vertraglich vereinbarten Stunden das doppelte weg. So mancher Mann hätte da wohl völlig anders argumentiert.

Was ich Frauen raten würde, die am Anfang ihrer Karriere stehen? Hauptsächlich: Überlegt euch genau, was ihr persönlich wollt. Es ist im ersten Schritt nicht relevant, was andere wie Eltern, Partner, Freunde, etc. wollen. Ist es um jeden Preis die Karriere, „go for it". Sind es Kind(er) und Karriere? Überlegt euch, was ihr bereit seid, dafür aufzugeben. Kinder laufen – entgegen der Meinung vieler Großmütter – eben nicht nebenher. Wollt ihr beides, müsst ihr sowohl beruflich (und damit finanziell) zurückstecken als auch immer ihr selbst (denn neben Kind und Karriere passt zumindest die ersten Jahre nicht mehr viel dazwischen). Alternativ habt ihr einen Partner, der voll mitunterstützt und für den Kindergarten genauso erreichbar ist, wie ihr.

Außerdem gilt: Augen auf bei der Wahl des Unternehmens. Mittlerweile gibt es auch in Deutschland viele Firmen, die wissen, was sie an berufstätigen Müttern haben, Homeoffice anbieten sowie flexible Arbeitszeiten.

Last but not least: Professionalität und ein gesundes Selbstbewusstsein. Im Berufsalltag bitte weiter hauptsächlich Kollegin und Mitarbeiterin sein und nicht Mutter. Ellenlange Berichte über die ersten Zähne ihrer Kleinen machen Sie nicht unbedingt zur besten Anwärterin für die nächste Beförderung. Dafür dürfen Sie dann aber auch im Gehaltsgespräch genauso selbstbewusst wie ihre männlichen Kollegen auftreten und mit Fakten zu ihren Ergebnissen und Leistungen argumentieren.

Hannelore Diertl-Deskovic ist Personalleiterin und Geschäftsleitungsmitglied in einem mittelständischen Unternehmen der Automotive Aftermarket Branche. Sie ist seit über 20 Jahren im Personalbereich tätig, zuvor in der Scout24 Gruppe sowie British Telecom. Sie ist in zweiter Ehe verheiratet und hat aus ihrer ersten Ehe eine zwölfjährige Tochter.

VERHANDELN ALS FRAU ODER MANN – EINDRÜCKE AUS DEM VERTRIEB

Sabine Rodach **(Selbstständige Unternehmensberaterin)**

Als Vertrieblerin in der Personaldienstleistung habe ich über viele Jahre hinweg, tagtäglich Verhandlungen zu Verträgen und Konditionen mit Kunden und Kandidaten geführt und hatte hier natürlich sowohl männliche als auch weibliche Verhandlungspartner. Dabei fiel mir auf der Kundenseite auf, dass vor allem die Frauen bei den Verhandlungen sehr hartnäckig und unnachgiebig sein konnten und Männer oft eher bereit waren, einen Kompromiss zu schließen und mir entgegenzukommen. Wohingegen ich auf Einkaufsseite bei Verhandlungen mit Kandidaten festgestellt habe, dass Frauen bei der Verhandlung ihrer eigenen Konditionen auf einmal viel unsicherer waren und sich öfter zu ihrem eigenen Nachteil nach unten verhandeln ließen im Vergleich zu ihren männlichen Kollegen. Mit anderen Worten: Frauen treten in ihrer beruflichen Rolle bei der Verhandlung für einen Dritten (beispielsweise für ihre Firma oder einen Kunden) sehr selbstbewusst auf. Sie können sehr harte Verhandlungspartner sein, auch wenn sie damit riskieren, dass eine Zusammenarbeit nicht zustande kommt oder die Verhandlungen sich sehr lange hinziehen. Geht es allerdings bei der Verhandlung um ihre eigenen Interessen, wirken sie häufig unsicher und verhandeln eher schlecht. Meine Erfahrung mit Männern dagegen: In ihrer beruflichen Rolle machen sie oft schneller Zugeständnisse, sei es, weil sie an einer guten Zusammenarbeit oder einem schnellen Ergebnis interessiert sind. Geht es jedoch um ihr eigenes Gehalt, dann geben sie ungern nach und argumentieren stark, wieso ihr Gehaltswunsch absolut angemessen ist. Woran liegt das? Ich bin keine Psychologin, dennoch glaube ich, dass bei Frauen schnell Unsicherheiten und Selbstzweifel auftreten, wenn sie ihre eigenen Interessen und Bedürfnisse vertreten sollen und sie sich schnell hinterfragen, ob die eigenen Gehaltswünsche überhaupt angemessen sind. Mangelnder Selbstwert? Vielleicht. Und gerade die Frauen, die nach außen hin besonders taff und selbstbewusst wirken, haben nach meiner Erfahrung oft die größten Selbstzweifel. Ich will jetzt nicht behaupten, dass Männer überhaupt keine Selbstzweifel haben, dennoch habe ich den Eindruck, dass Männer für ihre eigenen Interessen und Bedürfnisse eher einstehen und diese weniger in Frage stellen.

Ich werde oft gefragt, was mich in Verhandlungen so erfolgreich gemacht hat bzw. welche meine besten Tipps oder Geheimrezepte für erfolgreiche Verhandlungen sind. Darüber musste ich auch erst einmal nachdenken und habe folgende Punkte festgestellt: Ich habe mich strategisch stets gut vorbereitet, kluge Argumente gefunden und bin dann möglichst klar und transparent auf Punkte eingegangen. Dabei habe ich mir im Vorfeld vor allem auch die Argumente der Gegenseite überlegt, also versucht, mich in meinen Verhandlungspartner und seine Position hineinzuversetzen und mir dann wiederum überlegt, wie ich auf seine Argumente reagieren könnte. Dies hat mir geholfen, selbstbewusst aufzutreten und Kompetenz sowie Fairness auszustrahlen. Wichtig fand ich es daneben auch immer, mal einen lockeren Spruch oder Scherz zu machen bzw. meinen weiblichen Charme zu nutzen, um eine Verhandlung etwas aufzulockern und die Spannung aus einem Gespräch rauszunehmen. Dies hat bei männlichen Verhandlungspartnern allerdings oft besser funktioniert als bei weiblichen.

Sabine Rodach ist Dipl.-Betriebswirtin, 39 Jahre alt, ledig und hat keine Kinder. Sie verfügt über zehn Jahre Berufserfahrung als Führungskraft im Vertrieb, war Co-Founder und CEO eines führenden Personaldienstleisters und ist seit 2019 selbstständig als Unternehmensberaterin tätig.

HEGGMAIER, DANIELA: **Selbst PR. Der goldene Weg zu mehr Sichtbarkeit und Erfolg. München 2018**
Für alle, die sich strategisch sichtbar machen wollen und Selbstdarstellung als Chance sehen. Unterschiedlichste Optionen des Sichtbarwerdens werden pragmatisch erläutert und von Expertinnen erlebbar gemacht: Bloggen, aktives Netzwerken, Vortragen und Reden in der Öffentlichkeit, Publizieren von Büchern.

HENNINGSMEYER, ANJA: **DENN SIE WISSEN, WAS SIE TUN. Wie Frauen erfolgreich verhandeln. Frankfurt am Main 2019**
Was für Frauen in Verhandlungen allgemein wichtig ist, das zeigt dieses Buch mit sehr viel Tiefe und pragmatischen Tipps. Es gibt Beispiele aus Verhandlungen um Geld, mit wichtigen Kunden, aber auch um Aufgabenverteilung im Haushalt.

FOTH, SILKE: **Erfolgsrituale für Business-Hexen. Berlin 2011**
Rituale und Netzwerke haben einen wesentlichen Anteil am beruflichen Erfolg. Um beides geht es in diesem sehr praxisnahen Buch, das eine Vielzahl von typischen Ritualen im Berufsalltag offenlegt und Tipps für den weiblichen Umgang damit vermittelt.

SICK, HELMA / SCHMIDT, RENATE: **Ein Mann ist keine Altersversorge. Warum finanzielle Unabhängigkeit für Frauen so wichtig ist. München 2015**
„Lieber heute unromantisch als morgen arm." Das steht auf dem Buch und ruft Frauen dazu auf, sich finanziell nicht auf ihren / einen Mann zu verlassen. Es zeigt drastisch die mannigfachen Risiken auf, die Frauen eingehen, wenn sie sich in ihrer Lebensplanung ausschließlich auf ihren / einen Mann verlassen. Sehr hilfreich sind die konkreten Tipps, worauf Frauen besonders achten müssen, um Altersarmut zu verhindern.

HARTMANN, MARTIN / FUNK, RÜDIGER / ZOLL, ALEXANDER: Kompetent und erfolgreich im Beruf. Professionell organisieren, kommunizieren, auftreten und überzeugen. Weinheim und Basel 2019.
Ein Buch, das sowohl Berufseinsteigerinnen als auch Erfahrenen einen kurzweiligen und praxisnahen Über- und Einblick zu wesentlichen business-relevanten Schlüsselqualifikationen für den modernen Arbeitsalltag gibt: Kommunikation, Fragetechnik, Coaching von Kolleginnen, Präsentieren und Vortragen, Meetings leiten oder moderieren, Verkaufen, Mailen und Telefonieren, Führung von unten, Umgang mit Konflikten, Schlagfertigkeit und einiges mehr.

BOHNET, IRIS: What works. Wie Verhaltensdesign die Gleichstellung revolutionieren kann. München 2017
„Nicht die Frauen müssen sich ändern, sondern die Spielregeln." Das Buch gibt neben einer ebenso wissenschaftlich fundierten wie auch unterhaltsamen Darstellung des Problems konkrete Hilfestellungen, wie Verhaltensdesign im Talentmanagement, in der Schule und am Arbeitsplatz zu mehr Diversität führen kann.

STEFFENS, MELANIE C. / EBERT, IRENA D: Frauen – Männer – Karrieren. Eine sozialpsychologische Perspektive auf Frauen in männlich geprägten Arbeitskontexten. Wiesbaden 2016
Speziell für Personaler, Führungskräfte und Gleichstellungsbeauftragte gibt dieses Buch einen allgemeinverständlichen Abriss der sozialpsychologischen Fachliteratur über den Einfluss des Geschlechts auf Wahrnehmung und Verhalten im Arbeitskontext.

GUTZEIT, SABINE: Die Stimme wirkungsvoll einsetzen. Das Stimm-Potenzial erfolgreich nutzen. Weinheim und Basel 2018.
Das eigene Stimmpotenzial verbessern, das ist das Ziel des Buchs. Für alle, die ihren Argumenten durch eine aktive Nutzung ihrer Stimme mehr Überzeugungskraft geben möchten. Die Autorin bringt auf eine sehr anschauliche Art und Weise Wissen, Praxistipps und Hinweise kompakt zusammen.

BRANDT, EVA: Zeitmanagement im Takt der Persönlichkeit. Welche Zeitpersönlichkeit sind Sie? Und wie ticken die anderen? Weinheim und Basel 2019
Als Expertin für Zeit- und Selbstmanagement gibt die Autorin ihrer Leserschaft sowohl das Wissen um die eigenen Temperamente mit als auch viele Tools und Tipps danach zu handeln. Dabei steht für sie die Persönlichkeitsanalyse am Anfang – Macher, Gesellige oder Analytiker.

STOKOWSKI, MARGARETE: Untenrum frei. Hamburg 2016
Von Sex und anderen Tabu-Themen in unserer Gesellschaft. Dieses Buch spannt den Bogen von Sex bis Feminismus. Es greift Situationen aus dem Alltag von Frauen und Männern auf, stellt Fragen, die das Tun grotesk erscheinen lässt und liefert gleichzeitig viele Einblicke in wissenschaftliche Studien und Experimente.

FAVILLI, ELENA / CAVALLO, FRANCESCA: Good Night Stories for Rebel Girls. 100 außergewöhnliche Frauen. München 2018
Ein liebevoll gestaltetes Gutenachtgeschichtenbuch von Frauen für junge Mädchen. Die inspirierende und ermutigende Lektüre erzählt die Geschichten von couragierten Frauen, die die Welt verändert und sich hohe Ziele gesteckt haben. Wunderbar als Geschenk, zum Vorlesen oder selbst Schmökern geeignet.

ROUSSEAU, MANUELA: Wir brauchen Frauen, die sich trauen. Mein ungewöhnlicher Weg in den Aufsichtsrat eines DAX-Konzerns. München 2019
Frauen Mut machen, das ist das Ziel des Buches von Manuela Rousseau. Ganz nach ihrem Credo „Machen ist mutiger als wollen". Es ist ein sehr persönlicher und offener Einblick, den Manuela Rousseau ihren Leserinnen und Lesern in ihren individuellen Karriereweg gewährt. Sie ist ein Role Model, das motiviert und von dem sich Frauen viel abschauen und inspirieren lassen können.

WEITERE INTERESSANTE BÜCHER

ALTENSTAEDT, URSULA / ALFERMANN, DOROTHEE: Geschlechterrollen und ihre Folgen. Eine sozialpsychologische Betrachtung. Stuttgart 2011

ECKES, THOMAS: Geschlechterstereotype: Von Rollen, Identitäten und Vorurteilen. S. 171–182. In: Ruth Becker, Beate Kortendiek (Hrsg.): Handbuch Frauen- und Geschlechterforschung. Heidelberg 2008

HÄRTL-KASULKE, CLAUDIA: Mein Erfolgstagebuch. Weinheim und Basel 2017

HOFMEISTER, HEATHER: Der König, Aschenputtel und das Dilemma der 168 Stunden: Arbeit und Freiraum aus Geschichts- und Lebenslaufperspektive. In: Jeschke, Sabina u.a. (Hrsg.): Arbeit im Wandel. Trends und Herausforderungen der modernen Arbeitswelt. Berlin 2012

MÜLLER, DAGMAR: Was hindert Frauen an der Karriere? Eine Versachlichung. Berlin 2016

NITZSCHE, ISABELL: Spielregeln im Job durchschauen. Frauen knacken den Männer-Code. München 2011

VON PLATEN, HENRIKE: Frauen mit Geld, Männer mit Imageproblemen – warum Liebe auf Augenhöhe wirtschaftliche Unabhängigkeit braucht. S. 88-92. In: Conin-Ohnsorge, Vanessa / Lackner, Martina / Weinländer-Mölders, Angelika (Hrsg.): Männer an der Seite erfolgreicher Frauen. Side by Side an die Spitze. Freiburg 2018

SCHÖNFELD, SIMONE / TSCHIRNER NADJA: Clever aus der Arbeitsfalle. Wie Unternehmen den Wandel zu mehr Frauen in Führung gestalten. Wiesbaden 2017

TANNEN, DEBORAH: Du kannst mich einfach nicht verstehen. Warum Männer und Frauen aneinander vorbeireden. München 2012

ALLBRIGHT-STIFTUNG (2017): Ein ewiger Thomas-Kreislauf. Wie deutsche Börsenunternehmen ihre Vorstände rekrutieren.

AUSPURG, KATRIN / HINZ, THOMAS / SAUER, CARSTEN (2017): Why Should Women Get Less? Evidence on the Gender Pay Gap from Multifactorial Survey Experiments. American Sociological Review 82, 179–210.

BALAFOUTAS, LOUKAS / FORNWAGNER, HELENA. / SUTTER, MATTHIAS (2018): Closing the gender gap in competitiveness through priming. Nature Communications, 9, Article no. 4359.

BOWLES, HANNAH RILEY / BABCOCK, LINDA (2013): "How Can Women Escape the Compensation Negotiation Dilemma? Relational Accounts Are One Answer." Psychology of Women Quarterly 37.1. 80–96.

GAUCHER, DANIELL / FRIESEN, JUSTIN P. / KAY, AARON C. (2011): Evidence That Gendered Wording in Job Advertisements Exists and Sustains Gender Inequality. Journal of Personality and Social Psychology, 101 (1), 109–128

IRSFELD, CLAUDIA (2018): Frauen in Gehaltsverhandlungen. „Sagen Sie mir, was ich verdienen soll!“. managerSeminare, Heft 247, S. 58-63

IRSFELD, CLAUDIA / HARTMANN, MARTIN (2017): Personalarbeit und Recruiting in Start-ups. starting up,www.starting-up.de/praxis/personal/personalarbeit-und-recruiting-in-start-ups.html

OECD (2009): Equally Prepared for Life? How 15-year-old boys and girls perform in School

SCHEIN, VIRGINIA E. / DAVIDSON, MARILYN J. (1993): „THINK MANAGER, THINK MALE“. Management Development Review, Vol. 6 Issue: 3

WELPE, ISABELL. M. / BROSI, PRISCA / SCHWARZMÜLLER, TANJA: Wenn Gleiches unterschiedlich beurteilt wird. Die Wirkung unbewusster Vorurteile. https://gender-diversity-academy.de/de/downloads

WOLF, ELKE (2019): Gleichstellung in Studium und Beruf. Einschätzungen aus der Perspektive von Studentinnen und Studenten. Beiträge zur Hochschulforschung, 41. Jahrgang, Heft 2, S. 56–71.

WEBSITES FÜR ZAHLEN, DATEN, FAKTEN

- AllBright Stiftung: allbright-stiftung.de
- Bundesministerium für Wirtschaft und Energie: bmwi.de/Redaktion/DE/Dossier/frauen-in-der-wirtschaft.html
- Equal Pay Day: equalpayday.de
- Kinder Medien Studie 2017: kinder-medien-studie.de
- MaLisa Stiftung: malisastiftung.org
- Preis für absurdes Gender-Marketing: goldener-zaunpfahl.de
- Statista: Frauen in Führung: de.statista.com/themen/873/frauenquote/
- Statistisches Bundesamt: destatis.de, u.a. Verdienstunterschiede zwischen Männern und Frauen 2017

KONTAKT ZUR AUTORIN:

Claudia Irsfeld
claudia.irsfeld@be-on-track.de
be-on-track.de